计算机应用基础

主　编　张　明　王　翠　岳　明

副主编　王　颖　孙　磊　张和伟

　　　　李玉军　杜运标　秦佑志

参　编　王　青　赵艳玲　张苗苗

　　　　周媛媛　孙卓敬

江苏大学出版社
JIANGSU UNIVERSITY PRESS

镇　江

图书在版编目(CIP)数据

计算机应用基础 / 张明,王翠,岳明主编. — 镇江:
江苏大学出版社,2016.8(2018.4 重印)
ISBN 978-7-5684-0295-8

Ⅰ. ①计… Ⅱ. ①张… ②王… ③岳… Ⅲ. ①电子计
算机—中等专业学校—教材 Ⅳ. ①TP3

中国版本图书馆 CIP 数据核字(2016)第 204685 号

计算机应用基础

主　编/张　明　王　翠　岳　明
责任编辑/徐　婷
出版发行/江苏大学出版社
地　　址/江苏省镇江市梦溪园巷 30 号(邮编:212003)
电　　话/0511-84446464(传真)
网　　址/http://press.ujs.edu.cn
排　　版/镇江华翔票证印务有限公司
印　　刷/虎彩印艺股份有限公司
开　　本/787 mm×1 092 mm　1/16
印　　张/19
字　　数/454 千字
版　　次/2016 年 8 月第 1 版　2018 年 4 月第 2 次印刷
书　　号/ISBN 978-7-5684-0295-8
定　　价/45.00 元

如有印装质量问题请与本社营销部联系(电话:0511-84440882)

目　录

项目一

概　述

任务一　计算机概述

一、任务描述

计算机在当今高速发展的信息社会已经广泛应用于各个领域,对每一台计算机的外观,大家都不会陌生,甚至很多朋友已经能非常熟练地操作计算机了。但是对于那些还没有掌握计算机应用的朋友来说,了解计算机的发展及基本结构,对以后的学习有很大的帮助。下面让我们从计算机的外观开始一步一步地迈入计算机的世界。

二、学习目标

(1)了解计算机的诞生及发展简史;

(2)了解计算机系统的组成;

(3)认识最常用的计算机种类及特点;

(4)初步认识计算机硬件种类,能够说出常见硬件名称及作用;

(5)认识计算机软件,了解硬件与软件之间的关系。

计算机产生的动力是人们想发明一种能进行科学计算的机器,因此称之为计算机。它一诞生,就立即成了先进生产力的代表,掀开自工业革命后的又一场新的科学技术革命。

三、任务实现

1. 计算机发展史

诞生:计算机是人类社会发展史上的一项重大发明,对现代社会产生了非常深远的影响。世界上第一台通用电子计算机 ENIAC(埃尼阿克)于 1946 年 2 月 14 日诞生于美国宾夕法尼亚大学。一般认为 ENIAC(见图 1.1.1)是计算机始祖。

图1.1.1 世界上第一台计算机(ENIAC)

发展:通常按计算机中硬件所采用的电子逻辑器件划分成电子管、晶体管、中小规模集成电路、大规模及超大规模集成电路4个阶段(见表1.1.1)。

表1.1.1 计算机硬件的4个阶段

阶段	时间	逻辑器件	应用范围
第一代	1946—1958年	电子管	科学计算、军事研究
第二代	1959—1964年	晶体管	数据处理、事务处理
第三代	1965—1970年	中小规模集成电路	包括工业领域的各个领域
第四代	1971年至今	大规模及超大规模集成电路	各个领域

相关知识

第一台电子管计算机(ENIAC)长50英尺,宽30英尺,占地170平方米,重30吨,有1.88万个电子管,用十进制计算,每秒运算5000次,运作了9年之久。非常耗电,据传ENIAC每次一开机,整个费城西区的电灯都为之黯然失色。另外,真空管的损耗率相当高,几乎每15分钟就可能烧坏一支真空管,操作人员需花15分钟以上的时间才能找出坏掉的管子,使用极不方便。曾有人调侃道:"只要那部机器可以连续运转5天而没有一只真空管烧坏,发明人就要额手称庆了。"

2.计算机的应用领域

(1)科学计算

科学计算,或称为数值计算。早期的计算机主要用于科学计算,如高能物理、工程设计、地震预测、气象预报、航天技术等。由于计算机具有高运算速度和精度,以及逻辑判断能力,因此出现了计算力学、计算物理、计算化学、生物控制论等新的学科。

(2)过程检测

利用计算机对工业生产过程中的某些信号自动进行检测,并把检测到的数据存入计算机,再根据需要对这些数据进行处理,这样的系统称为计算机检测系统。特别是仪器仪表引进计算机技术后所构成的智能化仪器仪表,将工业自动化推向了一个更高的水平。

（3）数据处理

计算机可对大量数据进行分类、综合、排序、分析、整理、统计等加工处理,并按要求输出结果。因此,可应用于人事管理、卫星图片分析、金融管理、仓库管理、图书和资料检索等领域。

（4）实时控制

在工业、科学和军事方面,利用计算机能够按照预定的方案进行自动控制,完成一些人工无法亲自操作的工作,如应用于汽车生产流水线。

（5）计算机辅助工程

利用计算机辅助系统可以帮助我们快速地设计出各种模型和图案,如飞机、船舶、建筑、集成电路等工程的设计和制造。当前计算机在辅助教学领域也得到了广泛发展。

（6）人工智能

利用计算机模拟人的智能去处理某些事情,完成某项工作。例如,医疗诊断专家系统可以模拟医生看病;人机可以对弈。

3. 微型计算机的结构形式

目前我们接触最多的电脑是 PC 系列微型计算机,也称其为"微电脑"。它是由大规模集成电路组成的体积较小的电子计算机。它的特点是体积小、灵活性大、价格便宜、使用方便。

由微型计算机配以相应的外围设备（如打印机）和其他专用电路、电源、面板、机架及足够的软件构成的系统叫作微型计算机系统（Microcomputer System）,即通常所说的电脑。PC 系列微机的结构形式一般有以下几种。

（1）台式个人计算机（见图 1.1.2）

台式个人计算机,也称台式电脑,一般是固定放置在某个位置上使用的个人电脑,它的主机、显示器、键盘等都是互相独立的,使用线缆和接口连接在一起。

图 1.1.2　台式个人计算机

台式机的优点是耐用及价格实惠,和笔记本相比,相同价格前提下其配置较好,散热性较好,配件若损坏更换价格相对便宜;缺点是笨重、耗电量大。台式机目前仍然是办公、商用电脑的主流。

（2）笔记本电脑（见图 1.1.3）

笔记本电脑（NoteBook）,中文又称笔记型、手提或膝上电脑,是一种小型、可携带的个人电脑,通常重 1~3 公斤。

特点是电脑主机、显示器、键盘等设备组装成一体。笔记本电脑由于整合的原因,一般附带更多的设备,比如蓝牙、红外基本是标准配置。其发展趋势是体积越来越小,重量越来越轻,而功能却越发强大。

(3) 其他便携式计算机(见图 1.1.4)

平板电脑也叫平板计算机(Tablet Personal Computer, 简称 Tablet PC 或 Flat PC),是一种小型、方便携带的个人电脑,以触摸屏作为基本的输入设备。它拥有的触摸屏(也称为数位板技术)允许用户通过触控笔或数字笔而不是传统的键盘或鼠标来进行作业。

图 1.1.3　笔记本电脑

从微软提出的平板电脑概念产品上看,平板电脑就是一款无须翻盖、没有键盘、小到可放入女士手袋,却功能完整的 PC。目前的平板电脑还包括了专门为学生打造的学习辅助工具,即在充分整合教育资源的基础上,推出的专门针对学生用户的学生平板电脑。

图 1.1.4　苹果平板电脑

2002 年 10 月,微软公司全球首推 Tablet PC(平板电脑),其他公司纷纷效仿。其中苹果公司 2010 年推出的 iPad 更是掀起了平板电脑风暴。

平板电脑优点:小巧,携带非常方便,拥有全新的触摸体验,非常适合一般的上网娱乐、阅读电子书,以及一些简单的游戏需求等。

注意:本教材中计算机仍然泛指台式电脑和笔记本电脑。

4. 计算机系统的组成

计算机系统由计算机硬件和软件两部分组成,如图 1.1.5 所示。硬件包括中央处理机、存储器和外部设备等;软件是计算机的运行程序和相应的文档。

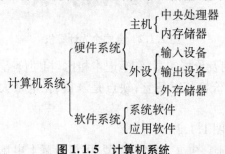

图 1.1.5　计算机系统

（1）硬件

计算机硬件（hardware）是指组成计算机的看得见、摸得着的实际物理设备，包括计算机系统中由电子、机械和光电元件等组成的各种部件和设备。这些部件和设备按照计算机系统结构的要求组装成一个有机整体，称为计算机硬件系统。

（2）软件

计算机软件（software）是指为了运行、管理和维护计算机系统所编制的各种程序的总和。软件一般分为系统软件（如操作系统"Windows XP""Windows 7"等）和应用软件（如办公软件"Word""Excel"，聊天软件"腾讯 QQ"，视频播放软件"暴风影音"等）。

系统软件是指控制和协调计算机及其外部设备，支持应用软件的开发和运行的软件。其主要的功能是进行调度、监控和维护系统等。系统软件是用户和硬件的桥梁，两者相辅相成，缺一不可。

任务二　初步认识计算机硬件

一、任务描述

小王作为一名广告公司从业人员，需要购买一台计算机。应该怎样根据自己的需求选购计算机呢？不同类型的个人计算机中都包含了哪些设备，又有什么样的功能呢？通过本任务的学习将初步认识计算机的各个部件及其作用。这是对计算机硬件最直观的了解。

二、任务分析

要完成本项任务，首先应该仔细观察电脑外观及主机后面各项接口，关闭主机电源后打开主机箱观察内部主板、内存、总线、网卡等。其次学着连接外部设备，如鼠标、键盘、显示器、音箱、打印机等；最后进行计算机启动和关闭操作。

三、任务实现

1. 初步认识计算机硬件

对于使用和选购计算机，最重要的是了解计算机的实际物理结构，即组成微机的各个部件。图1.2.1是从外部看到的、典型的微机系统的实例，它是由主机、键盘、显示器等部分组成的。

主机是安装在一个主机箱内所有部件的统一体，其中除了功能意义上的主机以外，还包括电源和若干构成系统所必不可少的外部设备和接口部件。

图1.2.1 台式机硬件

(1) 计算机的中央处理器 CPU(见图 1.2.2)

中央处理器 CPU (Central Processing Unit)是一块超大规模的集成电路,是一台计算机的运算核心和控制核心。计算机的性能在很大程度上由 CPU 的性能所决定,而 CPU 的性能主要体现在其运行程序的速度上。计算机配置的 CPU 的型号实际上代表着计算机的基本性能水平(见图 1.2.3)。

目前市场上流行的主要有两个品牌:Intel CPU 和 AMD CPU。

图1.2.2 中央处理器 CPU

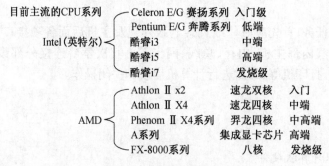

图1.2.3 CPU 主流系列

(2) 主板

主板,又叫主机板(mainboard)、母版。它安装在机箱内,是微机最基本的也是最重要的部件之一。主板一般为矩形电路板,上面安装了组成计算机的主要电路系统,是系统中最大的电路板。作为普通消费者如何选择主板呢? 最好选择知名品牌。公认的一线品牌有:华硕、技嘉(见图 1.2.4)、微星等。大品牌设计合理,用的零件好,质量稳定,当然价格也稍高。

图 1.2.4 技嘉公司的 K8VT800 主板

（3）内存条

内存条是连接 CPU 和其他设备的通道，起到缓冲和数据交换的作用（见图 1.2.5）。当 CPU 在工作时，需要从硬盘等外部存储器上读取数据，但由于硬盘这个"仓库"太大，加上离 CPU 也很"远"，运输"原料"数据的速度就比较慢，导致 CPU 的生产效率大打折扣。为了解决这个问题，人们便在 CPU 与外部存储器之间，建了一个"小仓库"——内存条（见图 1.2.6）。

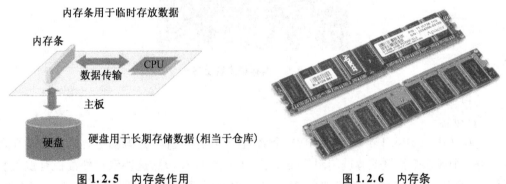

图 1.2.5 内存条作用   图 1.2.6 内存条

常见的内存条分为以下几种。

高端：镁光（Micron）、海盗船、三星。

中端：芝奇、金邦、威刚、OCZ、美光（Crucial，英睿达）、AMD、海力士（Hynix，现代）。

普通：金士顿、宇邦、金泰克、宇瞻、南亚易胜。

提示

台式机安装内存条图解步骤如下：

① 首先,将内存插槽两侧的塑胶夹脚(通常也称为"保险栓")往外侧扳动,使内存条能够插入,如图 1.2.7 所示。

② 然后,双手拿起内存条,将内存条引脚上的缺口对准内存插槽内的凸起,或者按照内存条金手指边上标示的编号 1 的位置对准内存插槽中标示编号 1 的位置,如图 1.2.8 所示。

图 1.2.7　内存条安装第一步　　　　　图 1.2.8　内存条安装第二步

③ 最后,稍微用点力,垂直地将内存条插到内存插槽并压紧,直到内存插槽两头的保险栓自动卡住内存条两侧的缺口,如图 1.2.9 所示。

图 1.2.9　内存条安装第三步

(4) 硬盘/光驱

① 硬盘

硬盘(Hard Disk Drive,简称 HDD,全名温彻斯特式硬盘)是电脑主要的存储媒介之一,由一个或多个铝制或者玻璃制的碟片组成(见图 1.2.10),这些碟片外覆盖有铁磁性材料。绝大多数硬盘都是固定硬盘,被永久性地密封固定在硬盘驱动器中(被称为数据的仓库)。

图 1.2.10　常见硬盘的外观

硬盘的选购:容量是选购硬盘最为直观的参数;硬盘的容量以兆字节(MB)或千兆字节(GB)为单位,1 GB = 1024 MB;在选购硬盘时,接口也是需要考虑的因素之一。

硬盘选择主要看接口类型,常见的分为 IDE 接口与 SATA 接口两种。IDE 接口用的是宽数据线,SATA 口用的是窄口数据线。图 1.2.11 左边是 IDE 接口硬盘,右边是 SATA 接口硬盘,主板有哪种接口就买哪种硬盘。现在的主板都支持 SATA 接口,而且 SATA 硬盘容量更大,零售渠道已有 2 T 硬盘供货了。其次选购硬盘要考虑其稳定性。组装电脑或是更换配件时,应选购一线品牌硬盘(如 IBM、希捷、西数、迈拓、金钻),这样硬盘质量和售后更有保障。

图 1.2.11　IDE 接口硬盘和 SATA 接口硬盘

② 光驱

光驱是电脑用来读写光碟内容的设备,也是在台式机和笔记本便携式电脑里比较常见的一个部件。随着多媒体的广泛应用,光驱在计算机诸多配件中成为标准配置。目前,光驱可分为 CD – ROM 驱动器、DVD 光驱(DVD – ROM)、康宝(COMBO)和刻录机等。

笔记本电脑光驱(见图 1.2.12)相对于台式机光驱(见图 1.2.13)较轻薄,有些笔记本电脑没有配置光驱,可以考虑选用合适的 USB 外置光驱。

关于光盘的常识:光盘具有存储容量大、价格低廉、携带方便等优势。所以现在大部分数据资料、影视音乐、电影等很多是以光盘的形式提供给用户的。电脑光盘的规格类型如图 1.2.14 所示。

图 1.2.12　笔记本电脑光驱

图 1.2.13　台式机光驱

光盘的规范类型

CD-DA	音频CD光盘	
CD-ROM	数据CD光盘	CD格式光盘容量
CD-R	可刻录CD光盘	700 M左右
CD-RW	可重复刻录CD光盘	
VCD	影视CD光盘	
DVD-ROM	DVD数据光盘	
DVD±R	可刻录DVD光盘	DVD格式光盘容量
CD±RW	可重复刻录DVD光盘	4.7 G
DVD-Video	影视DVD光盘	
BD-ROM	蓝光光盘	27 G/54 G/100 G

图 1.2.14　电脑光盘分类

(5) 机箱/电源/鼠标/键盘/显示器/音箱等

① 机箱选购的注意点

机箱(见图 1.2.15)作为电脑配件中的一部分,它的主要作用是放置和固定各电脑配件,起到承托和保护的作用。此外,电脑机箱具有屏蔽电磁辐射的重要作用。由于机箱不像 CPU、显卡、主板等配件能迅速提高整机性能,所以在电脑配置 DIY 中一直不被列为重点考虑对象。

一般选择 PC 机箱时,外观是首选因素;然而,选择服务器机箱时,实用性应排在更加重要的地位。一般来说主要从外观、防辐射能力、按钮做工和通风散热功能等方面进行考核。

图 1.2.15 各种各样的电脑机箱

② 机箱电源的作用

电源器的作用是把 220 V 的交流电转换成各个设备所需要的低压直流电,选购机箱时须注意机箱额定功率、电源接口类型和散热性能,如图 1.2.16所示。

(6) 鼠标/键盘(见图 1.2.17)

鼠标(Mouse)是计算机输入设备的简称,分有线和无线两种。用鼠标来代替键盘烦琐的指令可使计算机的操作更加简便。

图 1.2.16 电脑机箱电源

键盘:用于操作设备运行的一种指令和数据输入装置,也指经过系统安排操作一台机器或设备的一组功能键(如打字机、电脑键盘)。

图 1.2.17 台式机鼠标键盘套装

现在鼠标和键盘根据接口类型一般分为两类:ps/2 和 USB。其中,USB 接口类的产品适用性更广。

笔记本电脑由于键盘集成度更高,键位及功能与普通键盘有所不同,如图 1.2.18 所示。

图 1.2.18　笔记本电脑键盘键位图

（7）显示器

显示器(display)通常也被称为监视器。显示器是属于电脑的 I/O 设备,即输入/输出设备,可以分为 CRT 和 LCD 等多种。它是一种将一定的电子文件通过特定的传输设备显示到屏幕上再反射到人眼的显示工具。

（8）电脑音箱

电脑机箱主要是指围绕电脑等多媒体设备而使用的音箱,主要适用于 Ipod、MP3/MP4、音乐手机、PSP 游戏机、电脑产品等。根据接口的不同,可以接的设备也有区别,如图 1.2.19 所示。

全木质电脑音箱　　　　　　　　USB接口小音箱　　　　　　　　个性蓝牙小音箱

图 1.2.19　各种各样的音箱图

2. 如何选择适合自己的计算机

（1）选择笔记本还是台式机

笔记本电脑和台式机有着类似的结构组成（显示器、键盘/鼠标、CPU、内存和硬盘等）。笔记本的优势在于体积小、重量轻、携带方便,内置电池充满电后能离开固定电源保证一段时间的工作。它的缺点是相同性能的情况下,价格比台式机要昂贵许多。

建议:对于使用计算机进行日常移动办公、学习的用户,如果经济条件允许,可以选择便携、省电的笔记本电脑。对于追求性价比,对显示器和计算机处理速度要求比较高的用户（如室内设计、动画制作、影视制作从业人员、学校单位机房或网络服务器等要求比较高的用户群体）,应该选购台式计算机。

（2）选购品牌机还是组装机器

品牌机是指整台计算机由大型计算机生产商进行设备装配,整体进行销售的计算机。例如,国内的联想、方正、神州等品牌,国外的 DELL(戴尔)、IBM、HP(惠普)等品牌。

组装机是指部件可以按照用户的要求任意搭配,由硬件商家进行安装、调试、销售的计算机。

注意:品牌机和组装机是对于台式电脑而言的,笔记本电脑由于需要兼顾体积,以及对技术要求高,无法实现任意装配,目前只能由电脑生产商整体设计生产。

(3)品牌机与组装机的优缺点

品牌机质量和稳定性相对较高,售后服务有保障,但是销售价格稍高,后期维修成本也偏高。一般显示器性能一般,性价比相对不如组装机。组装机性价比高,可以自由选购自己喜欢的配件,后期维护可由自己控制,但是要考虑机器硬件兼容性及销售商的售后是否有保障。

建议:对于计算机设备不是太熟悉,经济宽裕,图方便的用户可以选购品牌机;对于年轻人,想用比较少的钱购买最高性能的计算机的用户可以考虑组装机。

(4)档次(品牌、外观、保修年限)

最后提醒用户,在购买电脑时应当要求商家开具内容填写详细完整的发票,并索要保修凭证。电脑如果修理应该要维修处填写维修记录,以便在日后可能产生纠纷时提供有效的法律凭证。

综上所述,小王目前是广告公司设计人员,大部分工作都需要在办公室完成,因此,硬件配置性价比高的台式机可作为首选。而广告设计对机器硬件要求偏高,所以应选择品牌商用定制机型。

任务三　计算机软件系统

一、任务描述

只拥有硬件的计算机是无法为操作者所用的。在操作者和硬件设备之间,软件承担了"翻译者"的工作。软件种类繁多,作为初学者要学会分析和最基础的操作,为以后进一步管理计算机和细化学习某种软件打下基础。

二、任务分析

只拥有计算机硬件的机器是不能直接使用的,一个完整的计算机需要安装计算机软件才能够运行程序,进行计算。那么,什么是计算机软件? 软件又分什么类型? 这将是本任务学习的主要内容。

个人计算机是以文件的形式保存信息在计算机系统中的,我们可以看到一个文件的大小,如1 KB,购买的硬盘大小,如500 GB,这些单位是我们以前并未接触过的。为什么计算机要使用这些单位? 它们与日常生活中常见的十进制数之间如何换算呢? 请大家带着这些问题进行本任务知识的学习。

三、任务实现

（一）计算机软件系统

计算机软件是指计算机运行所需的各种程序。计算机硬件是指计算机系统中的各种物理装置,它是计算机系统的物质基础。没有硬件,谈不上应用计算机;但是,光有硬件而没有软件,计算机也不能工作。

计算机系统必须要配备完善的软件系统才能正常工作,且充分发挥其硬件的各种功能。在许多情况下,计算机的某些功能既可以由硬件实现,也可以由软件来实现。因此,硬件与软件在一定意义上没有绝对严格的界线。

软件一般分为系统软件和应用软件两大类,如图1.3.1所示。

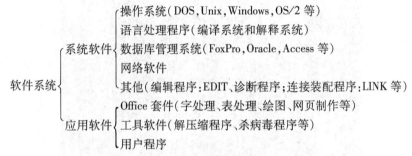

图1.3.1　计算机软件系统

学习软件系统内容的重点:一方面了解操作系统,掌握操作系统的安装,掌握操作系统常用的操作及维护系统;另一方面了解常用应用软件的安装方法及其基本使用。

（二）认识计算机操作系统

操作系统(Operating System,简称OS),是电子计算机系统中负责支撑应用程序运行环境及用户操作环境的系统软件,同时也是计算机系统的核心与基石。

操作系统在计算机系统中的作用(见图1.3.2),大致可以从两方面体会:对内,操作系统管理计算机系统的各种资源,扩充硬件的功能;对外,操作系统提供良好的人机界面,方便用户使用计算机。它在整个计算机系统中具有承上启下的作用。概括地说,计算机操作系统是用户与计算机系统资源之间的桥梁。

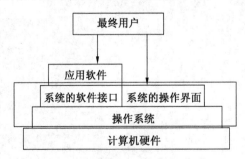

图1.3.2　计算机操作系统作用

1. 常见的操作系统

目前微机上常见的操作系统有 DOS,Windows,OS/2,Unix,Xenix,Linux,Netware 等。

（1）DOS 系统（见图 1.3.3）

DOS 是英文 Disk Operating System 的缩写,意思是"磁盘操作系统",是早期个人电脑使用的系统,是一种字符界面的系统,必须根据指令来控制计算机的资源。

缺点：专业,使用时需要输入大量复杂烦琐的指令,使得计算机初学者望而却步,随着后期 Windows 系列操作系统的诞生及发展,DOS 操作系统的用户越来越少,已经失去主流地位。

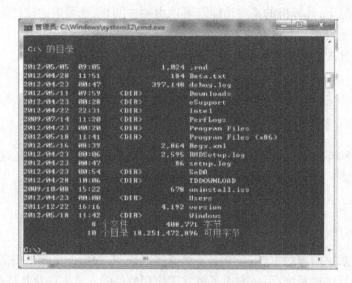

图 1.3.3　DOS 操作系统界面

（2）Windows 系统

使用用户最多的应该是微软公司 Windows 系统,也是最迫切需要了解的操作系统。1983 年 11 月,Microsoft 公司公布了新一代操作系统 Microsoft Windows,该操作系统将为 IBM 计算机提供图形用户界面和多任务环境。图 1.3.4 为 Windows 7 操作系统界面。

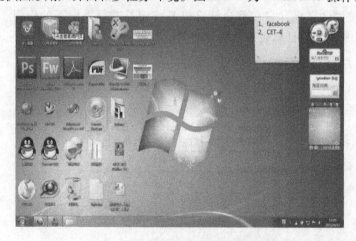

图 1.3.4　Windows 7 操作系统界面

 小常识

Windows 家族史见表 1.3.1。

表 1.3.1　Windows 家族史

微软主要产品		系　统
早期产品	For DOS	Windows 1.0（1985），Windows 2.0（1987），Windows 2.1（1988），Windows 3.0（1990），Windows 3.1（1992），Windows 3.2（1994）
	Win 9x	Windows 95（1995），Windows97（1996），Windows 98（1998），Windows 98 SE（1999），Windows Me（2000）
NT 系列	早期版本	Windows NT 3.1（1993），Windows NT 3.5（1994），Windows NT 3.51（1995），Windows NT 4.0（1996），Windows 2000（2000）
	客户端	Windows XP（2001），Windows Vista（2005），Windows 7（2009），Windows Thin PC（2011），Windows 8（2012），Windows RT（2012），Windows 8.1（2013），Windows 10（2015）
	服务器	Windows Server 2003（2003），Windows Server 2008（2008），Windows Home Server（2008），Windows HPC Server 2008（2010），Windows Small Business Server（2011），Windows Essential Business Server Windows Server 2012（2012），Windows Server 2012 R2（2013）
	特别版本	Windows PE，Windows Azure，Windows Fundamentals for Legacy PCs
嵌入式系统		Windows CE，Windows Mobile（2000），Windows Phone（2010）

（3）Unix 系统

Unix 系统 1969 年在贝尔实验室诞生，最初运用在中小型计算机上。Unix 被设计为能够同时运行多进程，支持用户之间共享数据，具有多用户、多任务的特点，支持多种处理器架构，是一种网络操作系统。Unix 操作系统界面如图 1.3.5 所示。

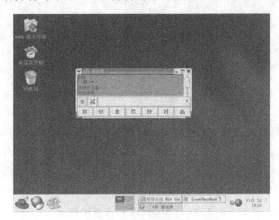

图 1.3.5　Unix 操作系统界面

（4）Linux 操作系统

Linux 操作系统是 Unix 操作系统的一种克隆系统。它诞生于 1991 年 10 月 5 日。Unix 操作系统界面如图 1.3.6 所示。

完全免费：Linux 是一款免费的操作系统，用户可以通过网络或其他途径免费获得。

多用户、多任务：Linux 支持多用户，各个用户对于自己的文件设备有自己特殊的权利，保证了各用户之间互不影响。

丰富的网络功能：又称为网络操作系统。

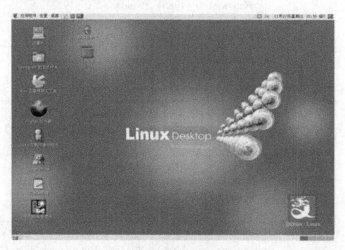

图 1.3.6　Linux 操作系统界面

（5）Mac OS 操作系统

Mac OS 是一套运行于苹果系列电脑上的操作系统，操作系统界面如图 1.3.7 所示。Mac 系统由苹果公司自行开发，是苹果机专用系统，是基于 Unix 内核的图形化操作系统，一般情况下在普通 PC 上无法安装。疯狂肆虐的电脑病毒几乎都是针对 Windows 的，由于 Mac 的架构与 Windows 不同，所以很少受到病毒的袭击。Mac OSX 操作系统界面非常独特，突出了形象的图标和人机对话。苹果公司不仅开发系统，还涉及硬件的开发。

图 1.3.7　Mac OS 操作系统界面

2．小结

现在流行的平板电脑、智能手机操作系统也是计算机操作系统的一个分支。它们也是使用各种操作系统来实现各种资源管理的。

例如：Symbian 系统是塞班公司为手机而设计的操作系统。2008 年 12 月 2 日，塞班公司被诺基亚收购。2011 年 12 月 21 日，诺基亚官方宣布放弃塞班（Symbian）品牌。由于缺乏新技术支持，塞班的市场份额日益萎缩。截至 2012 年 2 月，塞班系统的全球市场占有量仅为 3%，中国市场占有率则降至 2.4%。

Apple iOS 应用于苹果手机/平板电脑。苹果公司最早于 2007 年 1 月 9 日的 Macworld 大会上公布这个系统，最初是设计给 iPhone 使用的，后来陆续套用到 iPod touch，iPad 以及 Apple TV 等产品上。原本这个系统名为 iPhone OS，直到 2010 WWDC 大会上宣布改名为 iOS。

Android 系统是一种基于 Linux 的自由及开放源代码的操作系统，主要使用于移动设备，如智能手机和平板电脑，由 Google 公司和开放手机联盟领导一起开发。第一部 Android 智能手机发布于 2008 年 10 月。Android 系统逐渐扩展到平板电脑及其他领域上，如电视、数码相机、游戏机等。2011 年第一季度，Android 在全球的市场份额首次超过塞班系统，跃居全球第一。2012 年 11 月数据显示，Android 占据全球智能手机操作系统市场76% 的份额，中国市场占有率为 90%。2013 年 09 月 24 日，谷歌开发的操作系统 Android 迎来了 5 岁生日，全世界采用这款系统的设备数量已经达到 10 亿台。

（三）认识计算机数制

1．计算机的数制种类及其特点

计算机的数制，理解这个概念将能更好地理解计算机软件的知识，那么我们从一个文件大小说起。通常个人计算机是以文件形式将信息保存在计算机系统中的，我们可以看到一个文件的大小，例如：10 KB。

KB 是计算机中表示存储容量大小的单位，用中文表示就是"千字节"，但它并不是最小的容量单位，比它小的还有 byte（B），也就是"字节"，还有 bit（位）。

位（bit）来自 binary digit（二进制数字），是用以描述电脑数据量的最小单位。二进制数系统中，每个 0 或 1 就是一个位（bit）。

那 1 KB 表示存储了多少数据呢？

1 KB = 1024 B，1 B = 8 bit，因此，1 KB = 1024 B = 1024 × 8 bit = 8192 bit，也就是这个文件最终是用像"01001001001000…100010000100"这样的一串含有 8192 个二进制数字的文字串保存在计算机中的。

在一种数制中，只能使用一组固定的数字符号来表示数目的大小，具体使用多少个数字符号来表示数目的大小，就称为该数制的基数。例如：

（1）十进制（Decimal）

基数是 10，它有 10 个数字符号，即 0，1，2，3，4，5，6，7，8，9。其中最大数码是基数减 1，即 9，最小数码是 0。

（2）二进制（Binary）

基数是 2，它只有两个数字符号，即 0 和 1。这就是说，如果在给定的数中，除 0 和 1 外还有其他数（例如 1012），它就绝不会是一个二进制数。

（3）八进制（Octal）

基数是8,它有8个数字符号,即0,1,2,3,4,5,6,7。最大的也是基数减1,即7,最小的是0。

（4）十六进制（Hexadecilnal）

基数是16,它有16个数字符号,除了十进制中的10个数可用外,还使用了6个英文字母。它的16个数字依次是0,1,2,3,4,5,6,7,8,9,A,B,C,D,E,F。其中A至F分别代表十进制数的10至15,最大的数字也是基数减1,即F。

既然有不同的进制,那么在给出一个数时,需指明是什么数制里的数。例如：$(1010)_2$,$(1010)_8$,$(1010)_{10}$,$(1010)_{16}$所代表的数值是不同的。除了用下标表示外,还可用后缀字母来表示数制。例如ZA4EH,FEEDH,BADH（最后的字母H表示是十六进制数）,与$(ZA4E)_{16}$,$(FEED)_{16}$,$(BAD)_{16}$的意义相同。

在数制中,还有一个规则,这就是,N进制必须是逢N进一。

（1）十进制数的特点是逢十进一。例如：

$(1010)_{(10)} = 1 \times 10^3 + 0 \times 10^2 + 1 \times 10^1 + 0 \times 10^0$

（2）二进制数的特点是逢二进一。例如：

$(1010)_2 = 1 \times 2^3 + 0 \times 2^2 + 1 \times 2^1 + 0 \times 2^0 = (10)_{10}$

（3）八进制数的特点是逢八进一。例如：

$(1010)_8 = 1 \times 8^3 + 0 \times 8^2 + 1 \times 8^1 + 0 \times 8^0 = (520)_{10}$

（4）十六进制数的特点是逢十六进一。例如：

$(BAD)_{16} = 11 \times 16^2 + 10 \times 16^1 + 13 \times 16^0 = (2989)_{10}$

进制的对应关系如表1.3.2所示。

表1.3.2　进制的对应关系

十进制	二进制	八进制	十六进制
0	0	0	0
1	1	1	1
2	10	2	2
3	11	3	3
4	100	4	4
5	101	5	5
6	110	6	6
7	111	7	7
8	1000	10	8
9	1001	11	9
10	1010	12	A
11	1011	13	B
12	1100	14	C

续表

十进制	二进制	八进制	十六进制
13	1101	15	D
14	1110	16	E
15	1111	17	F
16	10000	20	10

2. 数制的转换

（1）十进制数到二进制数的转换

整数部分采用除 2 取余法（直到余数为 0 为止），最后将所取余数按逆序排列。

实例：将十进制数 23 转换为二进制数。

$$2 \mid \underline{23}$$
$$2 \mid \underline{11} \qquad\qquad\qquad\qquad\qquad\qquad 余数 1$$
$$2 \mid \underline{5} \qquad\qquad\qquad\qquad\qquad\qquad 余数 1$$
$$2 \mid \underline{2} \qquad\qquad\qquad\qquad\qquad\qquad 余数 1$$
$$2 \mid \underline{1} \qquad\qquad\qquad\qquad\qquad\qquad 余数 0$$
$$0 \qquad\qquad\qquad\qquad\qquad\qquad 余数 1$$

结果为 $(23)_{10} = (10111)_2$

（2）二进制数到十进制数的转换

基本原理：将二进制数从小数点开始，往左从 0 开始对各位进行正序编号，往右序号则进行负序编号，分别为 -1，-2，-3，…直到最末位，然后分别将各位上的数乘以 2 的 k 次幂所得的值进行求和，其中 k 的值为各位所对应的上述编号。

实例：将二进制数 1101.101 转换为十进制数。

编号： 3 2 1 0 -1 -2 -3
      1 1 0 1 . 1 0 1

$$=1 \times 2^3 + 1 \times 2^2 + 0 \times 2^1 + 1 \times 2^0 + 1 \times 2^{-1} + 0 \times 2^{-2} + 1 \times 2^{-3}$$
$$=8 + 4 + 1 + 0.5 + 0.125$$
$$=13.625$$

结果为 $(1101.101)_2 = (13.625)_{10}$

（3）二进制数到十六进制数的转换

基本原理：由于十六进制数基数是 2 的 4 次幂，所以一个二进制数转换为十六进制数，如果是整数，只要从它的低位到高位每 4 位组成一组，然后将每组二进制数所对应的数值用十六进制表示出来。如果有小数部分，则从小数点开始，分别向左右两边按照上述方法进行分组计算。

实例：将二进制数 11010111100010111 转换为十六进制数。

二进制数	11	1010	1111	0001	0111
十六进制数	3	A	F	1	7

结果为$(11010111100010111)_2 = (3AF17)_{16}$

（4）十六进制数到二进制数的转换

基本原理：十六进制数转换为二进制数，只要从它的低位开始将每位上的数用二进制表示出来。如果有小数部分，则从小数点开始，分别向左右两边按照上述方法进行转换。

实例：将二进制数6FBE4转换为十六进制数。

十六进制数	6	F	B	E	4
二进制数数	110	1111	1011	1110	0100

结果为$(6FBE4)_{16} = (11011111101111100100)_2$

3. 学习各种数制的意义

计算机保存、传输、运算的数据都是以 0 和 1 所构成的二进制数。任何类型信息保存到计算机中都是转化成二进制的数。因此，不管是文字、图片、音乐，还是电影类型的文件，最终都会按照一定的算法转换成二进制数保存到计算机硬盘中。

为什么使用二进制，不使用十进制？

当代的计算机是采用电子元器件构建的，电子元件的两种元件（高电平和低电平、通电和断电）恰恰可以用 0 或 1 来表示，使用二进制正是恰到好处。

（四）计算机存储单位

计算机存储单位一般用 b，B，KB，MB，GB，TB 等来表示，它们之间的关系如下。

位 bit（Binary Digits，比特）：存放一位二进制数，即 0 或 1，是最小的存储单位。英文缩写为 b（固定小写）。

字节 byte：8 个二进制位为一个字节（B），最常用的单位。

1 KB（KiloByte，千字节）= 1024（2^{10}）byte

1 MB（MegaByte，兆）= 1024 KB

1 GB（GigaByte，千兆）= 1024 MB

1 TB（TeraByte，太字节）= 1024 GB

例如：我们现在购买一个硬盘，大小是 1 TB，表示这个硬盘盘片上可以存储多少个 0 和 1 呢？

推算如下：

1 TB = 1024 GB

1024 GB = 1024 × 1024 MB

1024 × 1024 MB = 1024 × 1024 × 1024 KB

1024 × 1024 × 1024 KB = 1024 × 1024 × 1024 × 1024 B

1024 × 1024 × 1024 × 1024 B = 1024 × 1024 × 1024 × 1024 × 8 bit

1 TB = 8.8 万亿个(0,1)

项目二

Windows 7 操作系统

任务一　Windows 7 操作系统界面

一、任务描述

小王为了在家办公,买了一台预装有 Windows 7 旗舰版操作系统的电脑。作为初学者,开始工作前,首先要搞懂电脑操作系统的启动与退出,就是通常说的开机与关机。

进入 Windows 7 操作系统界面后,小王对于如何管理窗口,以及怎样使用键盘和鼠标都不熟悉。只有掌握了这些基本操作,才能进一步布置操作系统的个性化桌面,以及根据需要选择并打开各种应用程序。

有了操作系统,小王使用计算机才可以方便自如。无须通过键盘输入复杂、难以理解的操作系统命令,只需点击鼠标,就可以完成所有的工作。

二、任务分析

通过项目一的学习,我们知道计算机至少应该安装一个操作系统,从而为操作者提供一个良好的操作界面,进行各种资源的管理。对于普通用户而言,目前可以选择的操作系统较多,常见的有微软公司推出的 Windows 7 操作系统或 Windows 8 系列。

Windows 7 操作系统是微软视窗系列操作系统中比较成功的一个产品。从 2009 年 10 月推出至今尽管已经有 7 年之久,期间也有推出新版的 Windows 系统,但 Windows 7 操作系统使用范围依然非常广泛。

三、任务实现

使用一台预装有 Windows 7 旗舰版操作系统的电脑完成工作前应首先熟悉操作系统的基本操作。完成本任务主要有以下目标:① 了解操作系统的基本概念,理解操作系统在计算机系统运行中的作用;② 了解 Windows 7 旗舰版操作系统的特点和功能;③ 熟悉操作系统的启动与退出等常用操作;④调整操作系统图形界面风格,熟练地结合鼠标和键盘完成对窗口、菜单、工具栏等的基本操作。

(一) Windows XP 操作系统基本操作

1. Windows 操作系统的启动

一台安装了操作系统的计算机,打开电源后,计算机自动进入系统启动程序进行自检,当所有自检通过后,自动进入 Windows 操作系统界面,如图 2.1.1 所示。

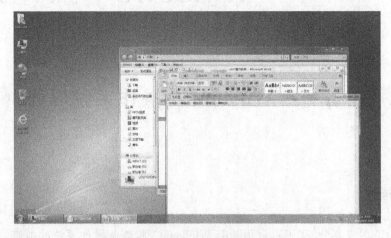

图 2.1.1 Windows 7 操作系统桌面

2. Windows 操作系统的退出

通过"开始"菜单,用户可以根据自己的需要采用多种方式退出 Windows 操作系统。

(1)注销

点击"开始"菜单选择模拟"关机 | 注销"选项(见图 2.1.2)即可关闭所有程序,保存内存信息,断开网络连接,将当前用户注销。

图 2.1.2 注销用户

(2)切换用户

点击"开始"菜单,选择"关机 | 切换用户",使 Windows 不关闭程序,回到欢迎界面,重

新选择用户登录。

提示

注销与切换用户并未真正地切断主机电源,只能说是退出操作系统而不是关机。

(3)待机

点击"开始"菜单,选择"关机丨待机"选项,计算机进入待机状态,再次使用时从欢迎界面开始。待机状态可以节约电能,但不保存内存信息。

(4)重新启动

点击"开始"菜单,选择"关机丨重新启动"选项,将保存 Windows 系统设置和内存信息,重启计算机。

操作提示:使用主机箱上的 Reset 键也可以进行计算机的重新启动。

(5)关闭计算机

关闭所有已经打开的窗口,点击"开始"菜单"关机"选项,将保存 Windows 系统设置和内存信息,关闭电源,退出 Windows 操作系统(如图 2.1.3 所示)。

图 2.1.3　关闭计算机

提示

正确的开机顺序为:先开外设,后开主机。

正确的关机顺序为:先关主机,后关外设。

(二) Windows 7 版本与界面

Windows 7 是由微软公司(Microsoft)2009 年开发的操作系统,Windows 7 可供家庭及商业工作环境、笔记本电脑、平板电脑、多媒体中心等使用。Windows 7 也延续了 Windows Vista 的 Aero 风格,并且增添了些许功能。

Windows 7 可供选择的版本有:简易版(Starter)、普通家庭版(Home Basic)、高级家庭版(Home Premium)、专业版(Professional)、企业版(Enterprise)(非零售)、旗舰版(Ultimate)。

旗舰版(Ultimate)结合了 Windows 7 家庭高级版和 Windows 7 专业版的所有功能,当然硬件要求也是最高的。本教材以旗舰版为实例介绍该操作系统。

 **小知识**

Windows 7 的设计主要围绕 5 个重点：针对笔记本电脑的特有设计；基于应用服务的设计；用户的个性化；视听娱乐的优化；用户易用性的新引擎。此外，还包括跳跃列表、系统故障快速修复等，这些新功能令 Windows 7 成为最易用的 Windows 操作系统。

易用：Windows 7 简化了许多设计，如快速最大化、窗口半屏显示、跳转列表（Jump List）、系统故障快速修复等。

简单：Windows 7 让搜索和使用信息更加简单，包括本地、网络和互联网搜索功能，直观的用户体验将更加高级，还会整合自动化应用程序提交和交叉程序数据透明性。

效率：Windows 7 中，系统集成的搜索功能非常强大，只要用户打开开始菜单并输入搜索内容，无论要查找应用程序还是文本文档等，搜索功能都能自动运行，给用户的操作带来极大的便利。

小工具：Windows 7 的小工具没有类似 Windows Vista 的边栏，这样小工具可以单独放置在桌面上。

高效搜索框：Windows 7 系统资源管理器的搜索框在菜单栏的右侧，可以灵活调节宽窄。它能快速搜索 Windows 中的文档、图片、程序、Windows 帮助甚至网络等信息。Windows 7 系统的搜索是动态的，当在搜索框中输入第一个字的时候，Windows 7 的搜索就已经开始工作，大大提高了搜索效率。

加快电脑：快速释放 Windows 7 系统资源让电脑更顺畅。当以后再遇见某个程序无响应的情况时，Windows 7 系统就会自动将其关闭不再浪费时间等待。

Windows 7 操作系统桌面主要由桌面图标和任务栏组成。

1. 桌面图标

桌面图标由图标和图标名称两部分组成，如图 2.1.4 中"回收站"就是图标名称，上面的图形就是图标。桌面图标可以方便我们运行程序，如双击"回收站"图标，就可以打开电脑中的回收站。正版 Windows XP 操作系统只有一个"回收站"图标。用户安装应用程序后也会在桌面上建立相应的图标（快捷方式）。

2. 任务栏

Windows 7 操作系统任务栏由开始菜单、快速启动栏、任务按钮区、语言栏、系统自带小工具等组成（见图 2.1.4）。

开始菜单：位于屏幕左下角，单击"开始"按钮就可以打开"开始"菜单，通过"开始"菜单可以管理和维护电脑，打开相应应用程序。

快速启动栏：在开始菜单右侧，里面有一些快捷图标。通过点击快捷图标，可以快速启动相应程序。

任务栏按钮：当用户执行一个程序后，任务栏按钮区就增加一个任务按钮。用户可以点击它们"查看/最小化/最大化"当前窗口的内容。

语言栏：用于显示当前所使用的语言和输入法，单击键盘图标就可以选择输入法。

系统托盘区:任务栏最右侧,由系统时间、音量和一些已经运行的程序快捷图标组成。

图 2.1.4　Windows 7 操作系统桌面

3. 窗口操作

启动程序或者打开文件夹时,Windows 7 会在屏幕上划出一个矩形区域,这便是窗口。操作程序实际上就是使用窗口的过程,大多数窗口操作都是通过使用如菜单、工作区或对话框等来完成的,所以掌握窗口操作至关重要。

(1) 窗口的构成(见图 2.1.5)

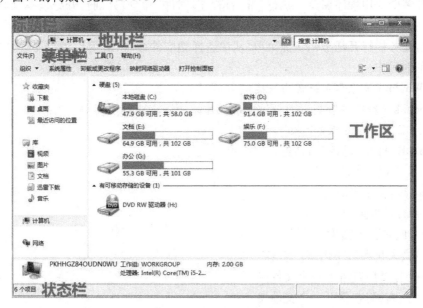

图 2.1.5　Windows 7 操作系统窗口

标题栏:显示窗口的标题,即程序名或文档名。

最小化按钮:单击"最小化"按钮可以将窗口变为最小状态,即转入后台工作,为非活动窗口。

最大化/还原按钮:单击"最大化"按钮可以将窗口变为最大状态,当窗口最大化后,该按钮就被替换成窗口的"还原"按钮,单击"还原"按钮,可以将窗口恢复到最大化前的状态。

关闭按钮:单击"关闭"按钮,可以关闭窗口,即退出当前应用程序。

菜单栏:菜单栏列出应用程序的各种功能项,每一项称为菜单项,单击菜单项将显示该菜单项的下拉菜单,在菜单中列出一组命令项,通过命令项可以对窗口及窗口的内容进行具体的操作。

滚动条:包括水平和垂直滚动条。当窗口工作区容纳不下窗口要显示的全部信息时,会出现窗口滚动条,利用窗口滚动条可以使用户通过有限大小的窗口查看更多的信息。

状态栏:状态栏位于窗口的最后一行,用于显示当前窗口的一些状态信息。

窗口边角:通过拖动窗口的边角可以控制窗口的大小。

(2) 窗口的操作

最大化窗口:单击窗口标题栏右上角的"最大化"按钮。双击窗口标题栏,可以在最大化和还原之间切换。

最小化窗口:单击窗口标题栏右上角的"最小化"按钮。单击任务栏上的应用程序图标,可以将窗口最小化。

关闭窗口:单击窗口标题栏右上角的"关闭"按钮;右键单击窗口标题栏,在弹出的快捷菜单中,选择"关闭"命令;快捷键【Alt + F4】。单击"文件"菜单,选择"关闭"命令。

(3) 对窗口进行层叠、横向平铺和纵向平铺操作

打开多个应用程序窗口。执行"开始|程序|附件"命令,分别打开记事本、画图、写字板等应用程序窗口。

右击任务栏打开任务栏快捷菜单,从中选择相应的命令,对窗口进行层叠、横向平铺和纵向平铺操作。

4. Windows 7 操作系统常用快捷键

Windows 7 操作系统与以前 Windows 操作系统版本兼容快捷键。

Win + E:打开"资源管理器"。

Win + R:打开"运行"对话框。

Win + L:锁定当前用户。

Ctrl + W:关闭当前窗口。

Alt + D:定位到地址栏。

Ctrl + F:定位到搜索框。

F11:最大化和最小化窗口切换。

Alt + 向左键:查看上一个文件夹。

Alt + 向右键:查看下一个文件夹。

Alt + 向上键:查看父文件夹。

（三）Windows 7 个性化设置

1. 3D 程序切换

Windows 系统中一直有个很方便的窗口切换快捷键【Alt + Tab】，按下它就可以在打开的程序窗口之间切换。Windows 7 自然也支持这个快速切换方式，而且还提供了更华丽的升级版——按下【Alt + Tab】会出现 3D 样式的窗口预览（见图 2.1.6）。

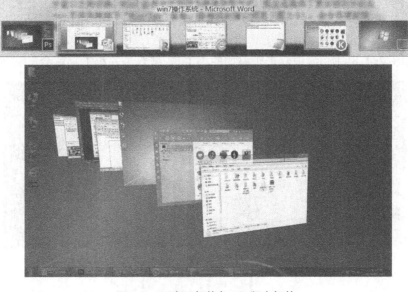

图 2.1.6　窗口切换与 3D 程序切换

2. Windows 7 系统自带小工具

Windows 7 操作系统自带部分小工具，供用户放置在桌面使用，打开方式如图 2.1.7 所示。单击"开始"菜单，选择"控制面板"，找到"桌面小工具"，即可使用。

图 2.1.7　Win 7 系统自带小工具

Windows 7 桌面小工具是 Windows 7 操作程序新增功能，可以方便电脑用户使用。

Windows 桌面小工具在 Windows Vista 或 Windows 7 系统中都可以使用,而在 Windows XP 系统中不可以使用。

Windows 桌面小工具中的一些可以让电脑用户查看时间、天气,一些可以让用户了解电脑的情况(如 CPU 仪表盘),一些可以作为摆设(如招财猫)。某些小工具是联网时才能使用的(如天气等),某些是不用联网就能使用的(如时钟等)。

刚安装好 Windows Vista 或 Windows 7 操作系统时,桌面上会有 3 个默认小工具:时钟、幻灯片放映和源标题(见图 2.1.8a)。如果想要在桌面上添加小工具,可以在小工具库(Windows Vista 可以直接在小工具栏的顶端点击" + "号进入,Windows 7 要在右键菜单进入,如图 2.1.8b 所示)中双击想添加的小工具,被双击的小工具就会显示在桌面上。

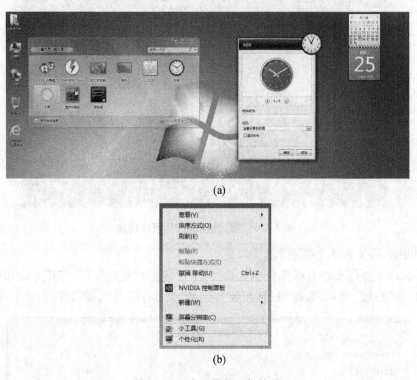

(a)

(b)

图 2.1.8　小工具打开与使用

设置

如果你想更改小工具,可以把鼠标拖到小工具上,然后点击像扳手那样的图标,就能进入设置页面。你可以根据需要来设置小工具,按【确定】保存。

如果你觉得某个小工具不经常用但是又不想删掉,那可以更改不透明度。把鼠标移到你想设置不透明度的小工具上,单击右键,再移动鼠标到"不透明度",选择你想要的不透明度。不透明度数字有:20%,40%,60%,80%,100%。

3. Windows 7 分辨率及文本设置

(1) Windows 7 系统屏幕分辨率的设置

在 Windows 7 桌面单击右键弹出对话框,在对话框中直接点击"屏幕分辨率"就会弹出如图 2.1.9 所示的"屏幕分辨率"对话框。

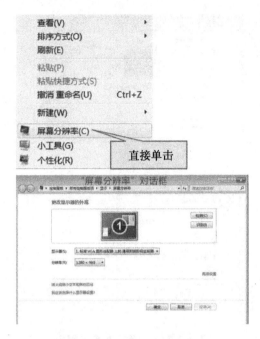

图 2.1.9　系统分辨率设置1

在"屏幕分辨率"对话框中,点击"分辨率"后边的下拉按钮,拖动左侧的选择按钮进行设置,如图2.1.10所示。如果以前未进行过"分辨率"的设置,那么,在下拉菜单中看到的就是系统默认的分辨率,系统默认分辨率是最适合该电脑的,一般不用改变;但若有其他原因,如更换了显示器或使用了某些特殊软件而改变了默认分辨率的设置,就需要重新设置了。此时可以移动选择按钮选择适合自己电脑的分辨率,一般分辨率越高越清晰。如果不知道哪个分辨率比较适合,可以一个一个的尝试,在几个选项中选择自己最满意的。

图 2.1.10　系统分辨率设置2

若设置过分辨率还是觉得屏幕显示不太理想,那就看看"屏幕刷新频率"和"颜色"是否需要设置。点击"高级设置"选择"监视器"标签对其进行设置。"屏幕刷新频率"设置为 75 以上较好;"颜色"选择"真彩色(32 位)",如图 2.1.11 所示。

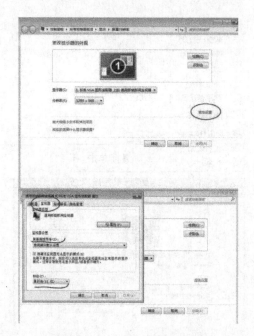

图 2.1.11　系统分辨率设置 3

（2）Windows 7 系统显示设置

文本大小设置之一：点击"放大或缩小文本和其他项目"进行文本的设置，如图 2.1.12 所示。从"较小""中等""较大"3 个选项中点选一个试试。如果满意，请按【下一步】进行操作。

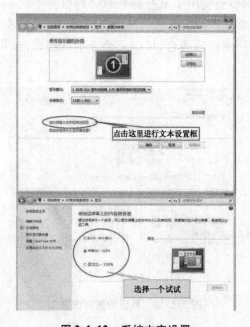

图 2.1.12　系统文字设置

文本大小设置之二：点击"设置自定义文本大小"打开"自定义 DPI 设置"窗口，然后在"缩放为正常大小的百分比"后面直接输入想要的数值，如图 2.1.13 所示。

图 2.1.13 系统文字设置 2

文本清晰度设置：点击"调整 ClearType"进入设置窗口，这里可以勾选或不勾选"启动 ClearType"，如图 2.1.14 所示。系统默认为勾选的，一般情况下以勾选为好。但遇到屏幕文本模糊或出现毛边等情况就不要勾选了。

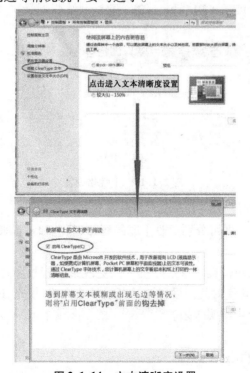

图 2.1.14 文本清晰度设置

4. 个性化设置

桌面空白处单击鼠标右键选择"个性化",或者在控制面板中单击"个性化"图标,即可进入个性化设置,如图2.1.15a所示。

(1) 更改主题

主题是计算机上的图片、颜色和声音的组合,包括桌面背景、屏幕保护程序、窗口边框颜色和声音方案。某些主题也可能包括桌面图标和鼠标指针。

Windows操作系统提供了多个主题。可以选择Aero主题使计算机个性化;如果计算机运行缓慢,可以选择Windows 7基本主题;如果希望屏幕更易于查看,可以选择高对比度主题。更改主题时单击要应用于桌面的主题图标即可(见图2.1.15b)。

(a)

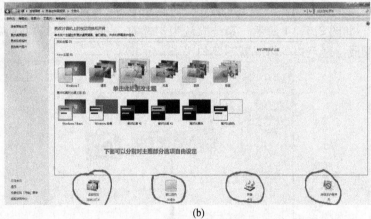

(b)

图2.1.15 个性化设置

(2) 创建自定义主题

单击打开"个性化",即可分别更改主题的图片、颜色和声音来创建自定义主题(见图2.1.16)。

① 更改桌面背景:单击桌面背景按钮可以更改桌面背景图片,还可以同时选择多张图片,设置图片之间的切换时间。设置图片背景填充方式:填充、适应、平铺、拉伸、居中。

② 更改窗口颜色/半透明效果。

③ 更改声音效果。

④ 更改屏幕保护程序。

图 2.1.16 其余个性化设置图片

 小知识

改变 Windows 7 窗口颜色保护眼睛

长期面对 Word、Excel、网页等白色背景屏幕眼睛感觉吃不消,此时可以通过改变 Windows 窗口颜色起到保护眼睛的作用,如图 2.1.17 所示。

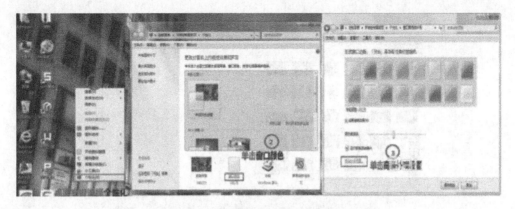

图 2.1.17　打开个性化，更改颜色

右键桌面→个性化(Windows XP 可以在"控制面板 l 显示"中找到同样设置)→窗口颜色→高级外观设置，打开"窗口颜色和外观"对话框，选择"窗口"选项，点击"颜色"选择"其他"，在色调、饱和度、亮度中填写 85，123，205，添加到自定义颜色中，点选此颜色确定，此时颜色改变设置完成，如图 2.1.18 所示。

图 2.1.18　更改窗口颜色

分别打开 Word 和 IE 浏览器进行验证，我们发现 Word 背景已经改变(见图 2.1.19)，但是 IE 浏览器主页背景没有改变。这是因为浏览器加载网页指定颜色覆盖了 Windows 窗口颜色，所以我们还要对浏览器进行设置。

图 2.1.19　更改背景颜色

　　右键单击右上角设置图标,选择 Internet 选项,在弹出的对话框中单击【颜色】按钮,勾选"使用 Windows 颜色"(一般默认勾选此项),单击【确定】,如图 2.1.20a 所示。接下来单击【辅助功能】按钮,勾选"忽略网页上指定的颜色",单击【确定】,单击 Internet 选项对话框中的【确定】完成设置,如图 2.1.20b 所示。此时网页背景变为绿色,但会影响一些网页的正常显示,可在辅助功能中取消勾选来还原网页正常显示。

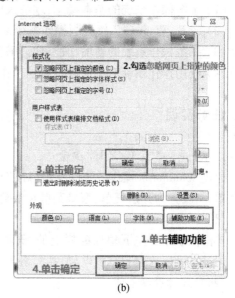

(a)　　　　　　　　　　　　(b)

图 2.1.20　更改 IE 浏览器颜色

　　如果想要改变计算机(桌面计算机图标)内窗口背景颜色,则需要将 Windows 7 主题改为 Windows 经典,再设置窗口颜色。

任务二 Windows 7 菜单/工具栏详解

一、任务描述

小王为了在家办公,买了一台预装有 Windows 7 旗舰版操作系统的电脑。作为初学者,开始工作前,通过上一个任务已经初步了解了操作系统基本框架,然而对于 Windows 7 操作系统,仅仅了解框架是远远不够的。对于小王,他迫切需要了解窗口管理、工具栏按钮作用、Windows 7 操作系统相对于 Windows XP 操作系统的改进,以及设置管理文件、安装软件,并将其应用到自己工作中。

二、任务分析

使用一台预装有 Windows 7 旗舰版操作系统的电脑完成工作前应首先熟悉操作系统的基本操作。本任务的目的:

(1) 了解操作系统的基本概念,理解操作系统在计算机系统运行中的作用;

(2) 了解 Windows 7 旗舰版操作系统菜单、工具栏的特点和功能;

(3) 熟悉操作系统的新增功能,如订书钉、合并隐匿、磁盘加密等常用操作;

(4) 利用操作系统对文件进行管理操作。

三、任务实现

1. Windows7 菜单/鼠标/键盘

通过 Windows 7 操作系统的菜单可以选择并执行相应的命令。Windows 7 操作系统的菜单,一般分为开始菜单、窗口菜单和快捷菜单。

(1) 开始菜单

单击位于桌面左下角任务栏上的"开始"按钮即可弹出"开始"菜单,如图 2.2.1 所示。通过它可以管理和维护电脑,执行各种应用程序。例如:单击"开始|程序|附件|计算器"将打开计算器程序。

图 2.2.1 使用开始菜单

（2）窗口菜单

打开窗口后会看到一个菜单栏，不同程序的菜单也会有所不同，但一般包含文件、编辑等主菜单项（见图 2.2.2）。

点开某一个主菜单项，有的下面有子菜单，有的没有。没有子菜单的直接执行相关命令，有子菜单的通过子菜单执行相关操作。例如："查看|状态栏"没有子菜单，直接执行菜单操作，即显示/隐藏状态栏。"查看|工具栏|标准按钮"，执行显示/隐藏标准按钮操作。

图 2.2.2 窗口菜单

（3）快捷菜单

快捷菜单是指单击鼠标右键弹出的菜单,选择不同的对象会弹出不同类型的菜单。例如,图2.2.3a是在桌面空白处单击鼠标右键弹出的快捷菜单,图2.2.3b是选中"计算机"图标单击右键弹出的快捷菜单。

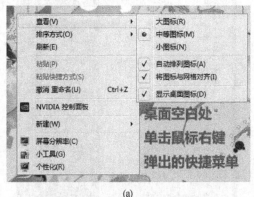

(a)

(b)

图2.2.3　不同的鼠标右键菜单项

（4）鼠标操作与设置

在Windows 7操作系统中,用户可以使用鼠标快速选择屏幕上的任何对象。可以说鼠标的操作是Windows系统操作中的点睛之笔。常见鼠标的结构包括:左键、右键和滚轮(见图2.2.4)。

图2.2.4　鼠标

鼠标的操作:

① 单击左键。将鼠标指针定位到要选择的对象上,按下鼠标左键。如果选择对象是图标或窗口,它会被突出显示。

② 双击左键。将鼠标指针定位到要选择的对象上,快速、连续点击两次鼠标左键,可以启动一个应用程序,或者打开一个窗口。

③ 单击右键。将鼠标指针定位到某一位置,单击鼠标右键,可以弹出一个快捷菜单。例如在C盘文件夹空白处单击右键,弹出相应的菜单项(见图2.2.5)。

图 2.2.5　鼠标右键菜单项

　　④ 拖放。可以使用鼠标选择一个对象（单击），或者按住鼠标左键拖动选择多个对象，按住左键不放并拖动到另一个位置。拖动的同时如果按住键盘上的 Ctrl 键，则可以实现复制操作。

　　⑤ 指向。把鼠标指针移到某一操作对象上，通常会激活对象或者显示该对象的相关提示信息（见图 2.2.6）。

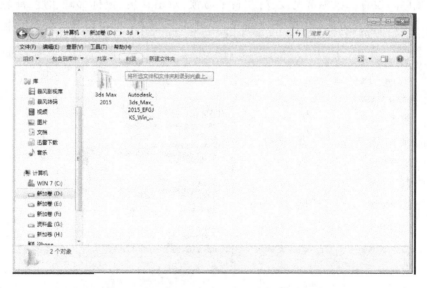

图 2.2.6　鼠标指向按钮显示相关提示文字

　　⑥ 鼠标滚轮。用手指拨动鼠标中间滚轮，可以移动窗口中滚动条的位置，浏览网页和书写文档时最常用。

　　⑦ 鼠标的形状。鼠标的形状取决于它所在的位置及其他屏幕元素之间的关系，图2.2.7 列出了经典的鼠标形状及其含义。

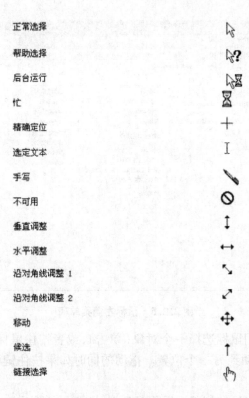

正常选择

帮助选择

后台运行

忙

精确定位

选定文本

手写

不可用

垂直调整

水平调整

沿对角线调整 1

沿对角线调整 2

移动

候选

链接选择

图 2.2.7 鼠标形状

⑧ 鼠标的设置。鼠标常见设置:左右手习惯、双击速度、鼠标移动速度、滑轮滚动速度(图2.2.8)。设置方法:单击"开始菜单|控制面板|鼠标"即可打开设置对话框。

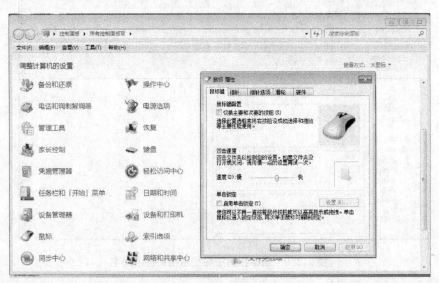

图 2.2.8 鼠标设置对话框

(5) 键盘操作

① 学习盲打:建议下载专业打字软件进行练习,键盘与指法图如图2.2.9所示。

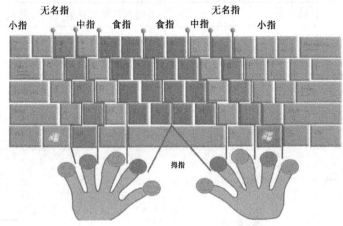

图 2.2.9　键盘图与键盘指法图

② 常见快捷键

快捷键又叫快速键或热键,指通过某些特定的按键、按键顺序或按键组合来完成一个操作,很多快捷键需要与 Ctrl 键、Shift 键、Alt 键、Fn 键以及 Windows 平台下的 Windows 键和 Mac 机上的 Meta 键等配合使用。利用快捷键可以代替鼠标完成一些操作。

表 2.2.1　常见快捷键

常见快捷键		功能
Ctrl 组合键	Ctrl + A	全选
	Ctrl + C	复制
	Ctrl + X	剪切
	Ctrl + S	保存
	Ctrl + V	粘贴
Fn 键	F1	帮助(Help)
	F2	重命名(Rename)
	F3	搜索助理(Search)
	F5	刷新(Refresh)
	F6	在窗口或桌面上循环切换子菜单
	F8	Windows 启动选项

续表

常见快捷键		功能
Delete 删除	Shift + Delete	永久删除所选项,而不将它放到"回收站"中
	拖动某一项时按 Ctrl	复制所选项
	拖动某一项时按 Shift	强制移动所选项
	拖动某一项时按 Ctrl + Shift	创建所选项目的快捷方式
	Alt + F4	关闭当前项目或者关闭计算机
	Esc	取消当前任务
	PrtSc = print screen	截取整个屏幕

(5)键盘设置

设置方法:单击"开始菜单|控制面板|键盘"即可打开设置对话框(见图2.2.10)。

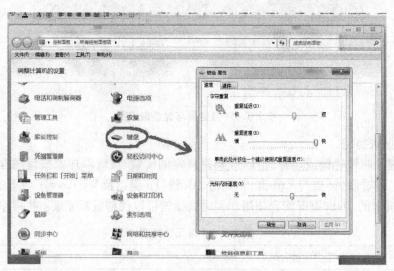

图 2.2.10　键盘设置

2. Windows 7 新增管理功能

(1)订书钉

Windows 7 里面的订书钉功能,是指可以把桌面上的图标及开始菜单里面的其他程序添加到任务栏,像订书钉一样排列,方便打开经常使用的程序和查看最近打开的文档。比如用鼠标左键按住桌面上的"记事本"文件不松手,一直拖动到任务栏,任务栏就会新增一个记事本图标(见图2.2.11)。

图 2.2.11　将程序拖拽到任务栏进行锁定

　　在任务栏的"订书钉"图标上右键单击,即可显示最近打开的文档和已经固定的文档。如果想解除上面某文档的固定状态,只要单击该文档后面的订书钉小图标,即可解除固定状态。如果想把某个最近打开的文档固定,只要选择该文档,单击后面的订书钉小图标,即可将该文档固定到上面(见图 2.2.12)。

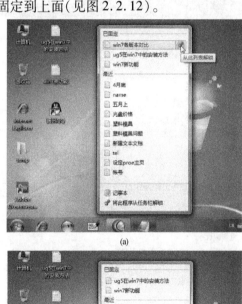

(a)

(b)

图 2.2.12　将程序某个文档进行锁定

（2）合并隐匿

当打开多个网页时，默认会在任务栏 IE 图标上形成重叠堆积效果，打开多个其他程序和文件时，也会形成类似重叠堆积的效果。

返回旧版本在任务栏平铺效果的方法：

在任务栏右键单击，选择"属性"，弹出属性对话框（见图 2.2.13a）。

在任务栏按钮下拉菜单中选择"从不合并"（见图 2.2.13b），单击【确定】按钮，多个文档即可在任务栏形成 Windows XP 等旧版本的平铺效果。

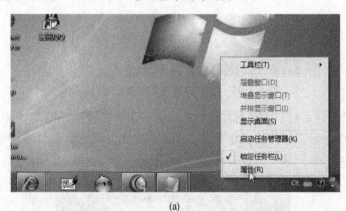

(a)

(b)

图 2.2.13 鼠标移动到任务栏上观察效果

（3）通知区域图标

鼠标单击任务栏上的"显示隐藏的图标"按钮，弹出对话框。点击"自定义"，弹出"选择在任务栏上出现的图标和通知"对话框。选择相应的程序，在后面"仅显示通知""显示图标和通知""隐藏图标和通知"3 项中选择需要的选项即可（见图 2.2.14）。

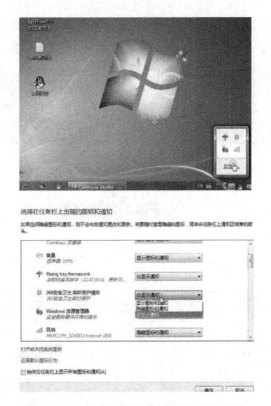

图 2.2.14　鼠标移动到任务栏上观察效果

（4）Tablet PC 输入面板

Windows 7 里面的输入面板功能类似于手机的手写输入功能。在此主要是指可以用鼠标代替键盘输入。

首先调出"输入面板"，在任务栏右键单击，选择"属性"，弹出属性对话框，在对话框中切换到"工具栏"，勾选"Tablet PC 输入面板"选项，单击【确定】按钮。这时任务栏就会多出一个"Tablet PC 输入面板"图标（见图 2.2.15）。

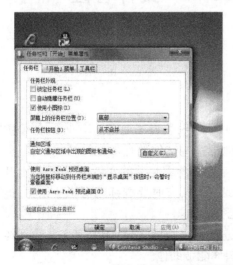

图 2.2.15　鼠标移动到任务栏上观察效果

这时打开一个网站,点选任务栏上的输入面板小图标,就会弹出输入面板示意图,可以用鼠标在里面直接输入文字、字母,还可以进行删除、更正等操作(见图2.2.16)。

图 2.2.16　鼠标移动到任务栏上观察效果

任务三　Windows 7 文件管理

一、任务描述

小张是毕业班的学生,眼看到了最后一个学期,快要毕业了。毕业前,他要撰写一篇毕业论文,还要撰写就业自荐书。一开始他把这些文件随意放在计算机中,但随着毕业论文撰写不断深入,用到的素材越来越多,就业自荐书相关的文件也不少,加上其他的计算机作业、游戏娱乐等,一大堆文件显得杂乱无章,有时要继续编写毕业论文,连毕业论文集的文件在哪里都难以找到,弄得小张心烦意乱。

因此,他希望对计算机中的这些文件进行有序管理,但对于没有文件管理经验的小张来说,又不知如何才能办到,于是,他希望你能帮助他。

二、任务解析

小张遇到的问题很普遍,成千上万的文件放在计算机磁盘中,如果不加以科学管理,不但给操作使用带来麻烦,而且容易因为管理混乱而导致错误操作,造成数据丢失。本任务知识点:

(1) Windows 文件与文件夹基本常识;

(2) 常见文件操作;

(3) Windows 7 系统中库的概念。

三、任务实现

1. Windows 7 文件与文件夹

(1) 文件的基本知识

Windows 系统以文件夹和文件夹(见图 2.3.1)的形式保存数据,并为我们提供了便捷的图标,方便操作。

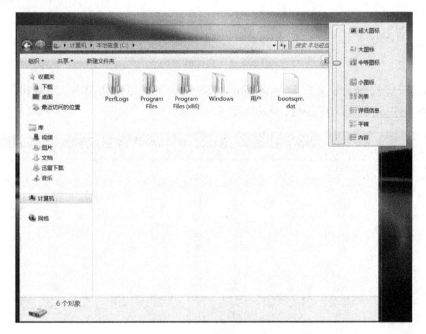

图 2.3.1　文件与文件夹

① 文件。一个文件代表存储的一段信息,这个信息可以是文字、图片、声音、视频等。一个文件的命名方式是:文件名. 扩展名(扩展名表示这个文件的类型)。常见文件扩展名如图 2.3.2 所示。

扩展名	类型	图标
.doc	WORD 文件	
.txt	记事本(纯文本文件)	
.ppt	powerpoint 文件	
.htm	网页文件	
.xls	Excel 文件	
.swf	Flash 动画	

图 2.3.2　常见文件类型

② 文件夹。文件夹可以看成一个容器,里面存放各类文件。每个文件夹都有一个名字以便区分。

③ 文件的路径。文件夹层层嵌套,每一个文件保存在一个文件夹下面,这就形成了文件在计算机中的路径(见图2.3.3)。要找到某个文件,只要指定它的路径就可以找到。

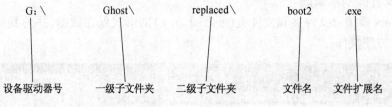

G:\	Ghost\	replaced\	boot2	.exe
设备驱动器号	一级子文件夹	二级子文件夹	文件名	文件扩展名

图 2.3.3　文件的路径

例如,需要找到安装文件"sogou_pinyin_68e. exe",可以双击打开"计算机",在 D 盘找到安装文件,这就是文件路径(见图2.3.4)。

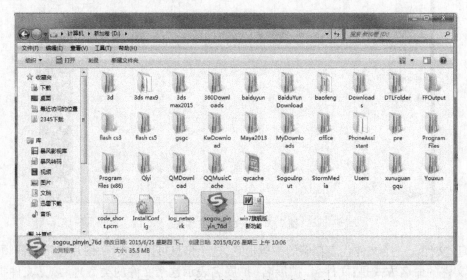

图 2.3.4　使用路径打开窗口查找文件

(2) 文件的基本操作

① 新建文件。通过应用程序新建文件(文档)。不同的应用程序提供的菜单和操作可能是不一样的,但是一些常用命令基本上是一样的。例如:新建、保存、另存为、打开、

关闭等。学会"举一反三"。

　　常用文档的新建方法:在文件夹窗口空白处单击鼠标右键快捷菜单中"新建",快捷键为【Ctrl + n】;选择"文件|新建"菜单。

　　② 保存文件。必须输入文件名,选择扩展名(见图2.3.5)。

　　文件扩展名一般由应用程序自动添加,也可以自己选择文件类型及保存路径。

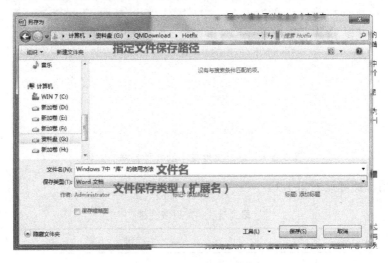

图 2.3.5　保存文件对话框

 提示

文件命名规则:

① 使用长文件名时不能超过 255 个字符。

② 大小写不能区分文件名。

③ 文件名中可以使用汉字和空格,但空格不要开头或单独使用,一个汉字占用两个字符长度。

④ 文件的扩展名可以使用多间隔符,但只有最后一个分隔符的部分才作为文件的扩展名。

⑤ 文件名中不能使用的字符有9个,即"?""/""\"" * ""|""""" < "" > """:"。

⑥ 同一磁盘的同一文件夹中不能有同名的文件和文件夹(文件和文件夹的名称也不能相同)。

⑦ Windows XP 系统的长文件名在"命令提示符"窗口可以完全显示。

⑧ 在 DOS 操作界面,Windows 系统的长文件名自动转换成 DOS 8.3 格式的文件名。

　　③ 文件操作:选择、复制、粘贴。双击打开"计算机",即可从窗口左边区域选择文件路径,右边工作区中选择相应文件(见图2.3.6)。

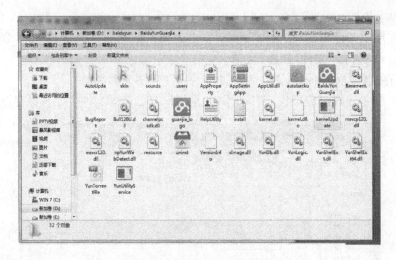

图 2.3.6 某个文件夹中的各种各样的文件

④ 常用快捷键见表 2.3.1。

表 2.3.1 常见快捷键

选择	快捷键
点选	左键单击
框选	鼠标划片选择
多选	点选多个不连续的对象:单击 + Ctrl
	点选多个连续的对象:单击 + shift
全选	Ctrl + A
复制	Ctrl + C
粘贴	Ctrl + V
剪切	Ctrl + X

⑤ 重命名文件或文件夹的方法:

菜单:选择"文件|重命名",输入新文件名。

右键菜单:选择"重命名",输入新文件名。

提示

不要轻易改变文件的扩展名,这样会导致文件类型变化。

为方便重命名,可将扩展名隐藏起来。

被删除的文件或者文件夹并没有马上丢失,而是暂时被放入"回收站",误删的文件还可以还原。硬盘才有回收站,移动磁盘没有。

属性设置:多个磁盘或硬盘的空间大小可以相同,也可以不同。当回收站已满时,自动清除最前面的对象,以留出空间存放新的对象。

永久删除:在回收站中再次删除。

恢复:在回收站中选中对象右键选择"还原"。

⑥ 常见的文件类型见表 2.3.2。

表 2.3.2　常见文件类型

文件类型	扩展名及打开方式
文档文件	txt(所有文字处理软件或编辑器都可打开),doc(Word 及 Wps 等软件可打开),wps(Wps 软件可打开),rtf(Word 及 Wps 等软件可打开),htm(各种浏览器可打开、用写字板打开可查看其源代码),pdf(Adobe Acrobat Reader 和各种电子阅读软件可打开)
压缩文件	rar(Winrar 可打开),zip(Winzip 可打开)
图形文件	bmp,gif,jpg,pic,png,tif(这些文件类型常用图像处理软件均可打开)
声音文件	wav(媒体播放器可打开) mp3(由 Winamp 播放) ram(由 Realplayer 播放)
动画文件	avi(常用动画处理软件可播放) mpg(由 Vmpeg 播放) mov(由 Activemovie 播放) swf(用 Flash 自带的 Players 程序可播放)
系统文件	int,sys,dll,adt
可执行文件	exe,com
语言文件	c,asm,for,lib,lst,msg,obj,pas,wki,bas
映像文件	map (其每一行都定义了一个图像区域以及当该区域被触发后应返回的 Url 信息)
备份文件	bak(被自动或是通过命令创建的辅助文件,它包含某个文件的最近一个版本)
模板文件	dot(通过 Word 模板可以简化一些常用格式文档的创建工作)
批处理文件	bat(在 Ms－Dos 中,bat 文件是可执行文件,由一系列命令构成,其中可以包含对其他程序的调用)

⑦ 文件的打开方式。特定的文件类型需要特定的软件才能打开,如果你的计算机没有安装,那么将无法打开,如 doc→Office Word,psd→Adobe Photoshop。通用的文件类型可以选择不同应用软件,如 jpeg→Windows 图片和传真查看器、Adobe Photoshop、ACD See等,mp3→windows Media Player、千千静听、暴风影音等。

⑧ 文件的搜索方法有以下 3 种:

直接在"计算机"窗口中的地址栏中输入所需的文件或文件夹的路径,这种方法适用于用户确信要查找文件或文件夹的目录路径;

将左边的文件夹窗口中的文件夹逐个打开查找;

使用工具栏右边集成的"搜索栏"查找,如图 2.3.7 所示。这种方法是最有效的查找方法。

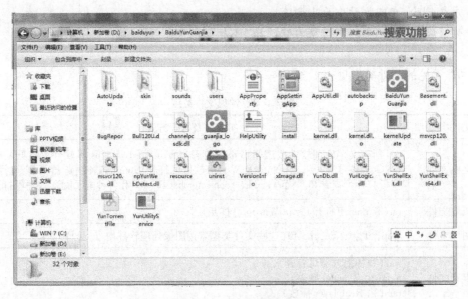

图 2.3.7　使用搜索地址栏

提示

（1）显示隐藏系统文件（见图 2.3.8）

选择"计算机|工具|文件夹选项|查看"：隐藏受保护的系统文件。

图 2.3.8　"文件夹选项"对话框

（2）查找时使用通配符

通配符是一类键盘字符，有星号（＊）和问号（？）两种。当查找文件夹时，可以使用它来代替一个或多个真正字符；当不知道真正字符或者不想键入完整名字时，常常使用通配符代替一个或多个真正字符。

① 星号(∗)

可以使用星号代替 0 个或多个字符。如正在查找以 AEW 开头的一个文件,但不记得文件名其余部分,可以输入 AEW∗,查找以 AEW 开头的所有文件类型的文件,如AEWT. txt,AEWU. EXE,AEWI. dll 等。要缩小范围可以输入 AEW∗. txt,即查找以 AEW开头的并以. txt 为扩展名的所有文件,如 AEWIP. txt 和 AEWDF. txt。

② 问号(?)

可以使用问号代替一个字符。如输入 love,查找以 love 开头以某一个字符结尾的文件,如 lovey 和 lovei 等。要缩小范围可以输入 love. doc,即查找以 love 开头一个字符结尾并以. doc 为扩展名的文件,如 lovey. doc 和 loveh. doc。

2. Windows 7 库概念

Windows 7 中引入了库的功能,库的全名叫程序库(library),是指一个可供使用的各种标准程序、子程序、文件以及它们的目录等信息的有序集合;很多人并没有把真把库运用起来,本节主要讲解库的使用方法,以方便大家更加方便、高效地运用库。

(1) 如何启动库

在 Windows 7 操作系统中,库有以下几种启动方式:

第一种:点击任务栏中"开始"菜单旁边的文件夹图标来启动库。

第二种:进入"计算机",点击左侧导航栏中的"库"(见图 2.3.9)。

图 2.3.9　启动库的常用 2 种方法

(2) 如何新建库

在 Windows 7 系统中,默认已经有一些库,我们还可以根据个人需要进行新建,新建库的方法具体如下。

方法一:启动"库",选择菜单栏的"文件|新建|库",即可创建一个库(见图2.3.10)。

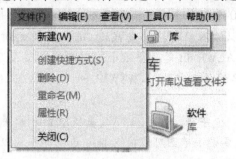

图 2.3.10　使用菜单新建库

方法二:启动"库",单击鼠标右键,选择"新建|库"即可以创建一个库(见图2.3.11)。

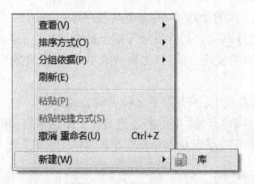

图 2.3.11　鼠标右键菜单创建库

方法三:直接选中想要加入库的文件夹,点击鼠标右键,选择"包含到库中|创建新库",即可创建一个库(见图2.3.12)。

图 2.3.12　由文件夹创建库

（3）将文件夹添加到库的方法

通过前面的步骤已经建立了库，现在要做的就是添加一些文件夹到对应的库里面，有以下几种方法。

方法一：双击打开刚刚新建的库，单击【包括一个文件夹】，再选择想要添加到当前库的文件夹即可（见图 2.3.13）。

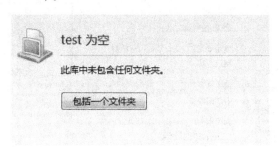

图 2.3.13 向库中添加文件夹

方法二：对于已经包括了一些文件夹的库使用方法一就没用了。直接进入"库"，对着想要添加文件夹的库点击鼠标右键，选择"属性"，再点击【包含文件夹】，选中想要添加到当前库的文件夹即可（见图 2.3.14）。

图 2.3.14 由对话框添加文件夹

方法三：此方法最简单，想要添加某个文件夹到指定库，只需要对着这个文件夹点击鼠标右键，选择"包含到库中"，再选择目标库即可（见图 2.3.15）。

图 2.3.15　将文件夹放入库

提示

Windows 7 系统资源管理器中多了一个库的概念,极大地简便了文件管理,但在库的下面有一个以用户名命名的个人文件夹,此文件夹里的内容与库的内容大部分的重叠,请问"个人文件夹"与"库"在概念上有什么区别?

库是一个虚拟化的文件夹,即库是一个快捷方式,可以将硬盘中不同位置的文件夹包含在一个库中,而个人文件夹则是一个实体,若删除资源管理器中个人文件夹下某个列表,那么与之对应的文件也被删除了。

微软为何将两个内容如此相近的文件夹引入到资源管理器中呢?库与个人文件夹之间是怎样的一种对应关系呢?

个人文件夹是一个实体。库是一种整合资源的链接,可以认为是虚拟目录。准确地说,库是一个类似于媒体库的索引文件夹。库可以包含更多的文件夹一同索引,而用户文件夹是以前 Windows 系统就有的,库可以包含多个文件夹,而个人文件夹是独立的。

库用于管理文档、音乐、图片和其他文件的位置,可以使用与在文件夹中浏览文件相同的方式浏览文件,也可以查看按属性(如日期、类型和作者)排列的文件。在某些方面,库类似于文件夹。例如,打开库时将看到一个或多个文件。但与文件夹不同的是,库可以收集存储在多个位置上的文件,这是一个细微但重要的差异。库实际上不存储项目。它们监视包含项目的文件夹,并允许用户以不同的方式访问和排列这些项目。例如,如果在硬盘和外部驱动器上的文件夹中有音乐文件,则可以使用音乐库同时访问所有音乐文件。

● 删除库对其包含的文件夹或文件没有影响。
● 多使用库可以很大程度上提高工作效率,节省时间。

●同一个库中可以包含多个文件夹。

3. 文档操作

在 Windows 7 系统中,文档操作增加了很多功能。由于篇幅和经验所限,就不一一介绍了。在这里只介绍一个比较有特色和实用的新功能:磁盘加密。

打开"计算机",鼠标右键单击想要加密的磁盘,在弹出的快捷菜单中点选"启用 BitLocker"(见图 2.3.16)。

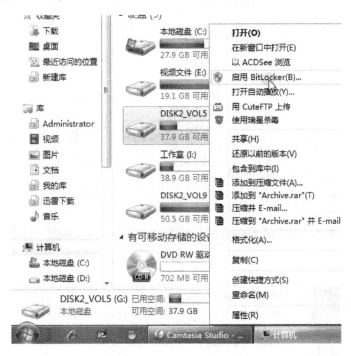

图 2.3.16　"启用 BitLocker"菜单项

图 2.3.17　BitLocker 驱动器加密

　　第二种方法是在开始菜单中点选"控制面板 | 系统和安全 | BitLocker 驱动器加密"。弹出"驱动器加密"对话框,选择想要加密的磁盘,点选后面的"启用 BitLocker"(见图 2.3.18),弹出一个"选择希望解锁此驱动器方式"的对话框,勾选第一项,键入密码,单击【下一步】(见图 2.3.19),选择"恢复密码的方式"选项,按照提示即可完成。此功能大大加强了计算机用户信息的保密功能。

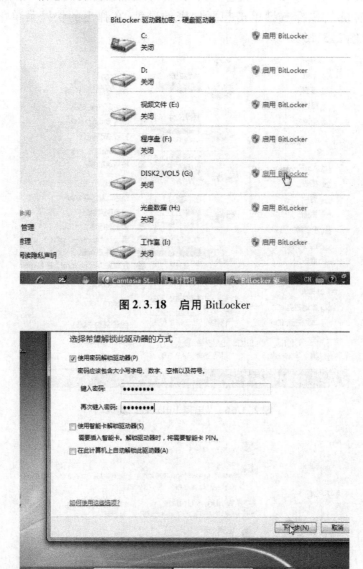

图 2.3.18　启用 BitLocker

图 2.3.19　选择希望解锁此驱动器的方式

加密后磁盘如图 2.3.20 所示。

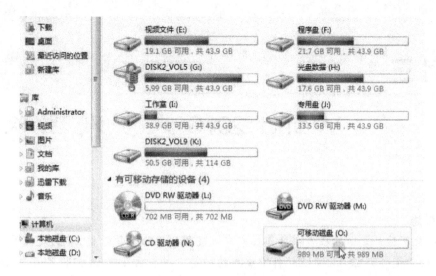

图 2.3.20　加密后的磁盘

项目三

Word 2010 文字处理软件

➢ 项目概述

　　文字处理软件是一款在当今计算机中广泛使用的办公应用软件,特别是在无纸化办公环境中,它是办公自动化系统软件中重要的一员。在本项目中,我们将学习 Word 2010 的使用方法,利用它可轻松地制作各种形式的文档,如报告、协议、论文、简历、杂志和图书等,满足日常办公的需要。

➢ 学习目标

◇ Word 2010 文档的基本操作。

◇ 掌握文档的编辑方法。

◇ 掌握格式化文本的方法。

◇ 掌握在文档中插入并编辑表格的方法。

◇ 掌握在文档中插入并编辑图形、图片、艺术字、文本框等的方法。

◇ 掌握文档页面设置及打印的方法。

任务一　Word 2010 的基本操作
——创建通力公司招聘简章

一、任务描述

　　在本任务中,首先通过"相关知识"掌握启动和退出 Word 2010 的方法,并熟悉其工作界面,然后通过"任务实施"学习新建、保存、打开和关闭文档等操作。

二、相关知识

(一) Word 2010 软件的启动及程序窗口

Word 2010 软件和其他程序软件一样,使用之前要先启动才能对其进行相应操作。

Word 2010 软件的启动方法有 4 种。

方法一：单击"开始"按钮，选择"所有程序 | Microsoft Office | Microsoft Office Word 2010"，即可打开如图 3.1.1 所示的 Word 2010 程序界面。

方法二：双击桌面上的快捷图标 。

方法三：运行 Word. exe 程序启动 Word 软件。

方法四：通过打开已有的 Word 2010 文档自动启动 Word 2010 软件。

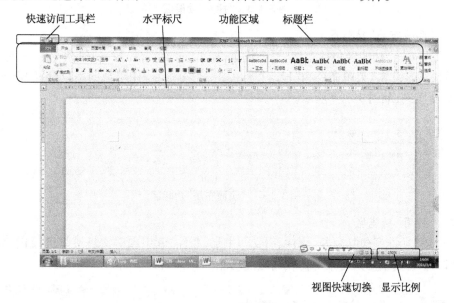

图 3.1.1　Word 2010 程序界面

（二）认识 Word 2010 功能区

Microsoft Word 从 Word 2007 升级到 Word 2010，其最显著的变化就是使用"文件"按钮代替了 Word 2007 中的"Office"按钮，使用户更容易从 Word 2003 和 Word 2000 等旧版本中转移。另外，Word 2010 同样取消了传统的菜单操作方式，而代之以各种功能区。在 Word 2010 窗口上方，看起来像菜单的名称其实是功能区的名称，单击这些名称时并不会打开菜单，而是切换到与之相对应的功能区面板。每个功能区根据功能的不同又分为若干个组，每个功能区所拥有的功能如下。

1. "开始"功能区

"开始"功能区中包括剪贴板、字体、段落、样式和编辑 5 个组，对应 Word 2003 的"编辑"和"段落"菜单部分命令。该功能区主要用于帮助用户对 Word 2010 文档进行文字编辑和格式设置，是用户最常用的功能区，如图 3.1.2 所示。

图 3.1.2　"开始"功能区

2. "插入"功能区

"插入"功能区包括页、表格、插图、链接、页眉和页脚、文本、符号和特殊符号等组，对应 Word 2003 中"插入"菜单的部分命令,主要用于在 Word 2010 文档中插入各种元素,如图 3.1.3 所示。

图 3.1.3 "插入"功能区

3. "页面布局"功能区

"页面布局"功能区包括主题、页面设置、稿纸、页面背景、段落、排列等组,对应 Word 2003 的"页面设置"菜单命令和"段落"菜单中的部分命令,用于帮助用户设置 Word 2010 文档页面样式,如图 3.1.4 所示。

图 3.1.4 "页面布局"功能区

4. "引用"功能区

"引用"功能区包括目录、脚注、引文与书目、题注、索引和引文目录等组,用于实现在 Word 2010 文档中插入目录等比较高级的功能,如图 3.1.5 所示。

图 3.1.5 "引用"功能区

5. "邮件"功能区

"邮件"功能区包括创建、开始邮件合并、编写和插入域、预览结果和完成等组,该功能区的作用比较专一,专门用于在 Word 2010 文档中进行邮件合并方面的操作,如图 3.1.6 所示。

图 3.1.6 "邮件"功能区

6. "审阅"功能区

"审阅"功能区包括校对、语言、中文简繁转换、批注、修订、更改、比较和保护等组,主要用于对 Word 2010 文档进行校对和修订等操作,适用于多人协作处理 Word 2010 的长文档,如图 3.1.7 所示。

图 3.1.7 "审阅"功能区

7. "视图"功能区

"视图"功能区包括文档视图、显示、显示比例、窗口和宏等组,主要用于帮助用户设置 Word 2010 操作窗口的视图类型,以方便操作,如图 3.1.8 所示。

图 3.1.8 "视图"功能区

8. "文件"功能区

单击"文件"按钮可以打开"文件"面板,包含"信息""最近""新建""打印""共享""打开""关闭""保存"等常用命令,如图 3.1.9 所示。

图 3.1.9 "文件"功能区

(三) 了解 Word 2010 中的"文件"按钮

相对于 Word 2007 的"Office"按钮,Word 2010 中的"文件"按钮更有利于 Word 2003 用户快速迁移到 Word 2010。"文件"按钮是一个类似于菜单的按钮,位于 Word 2010 窗口左上角。单击"文件"按钮可以打开"文件"面板,包含"信息""最近""新建""打印""共享""打开""关闭""保存"等常用命令。

(1) 在默认打开的"信息"命令面板中,用户可以进行旧版本格式转换、保护文档(包含设置 Word 文档密码)、检查问题和管理自动保存的版本,如图 3.1.10 所示。

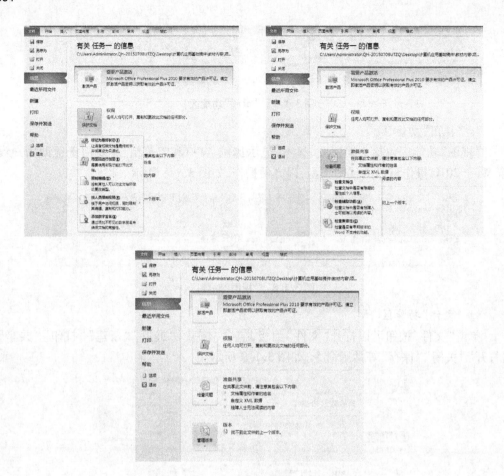

图 3.1.10　文件信息面板 3 个功能区

（2）打开"最近"命令面板,在面板右侧可以查看最近使用的 Word 文档列表,用户可以通过该面板快速打开最近使用的 Word 文档。在每个历史 Word 文档名称的右侧含有一个固定按钮,单击该按钮可以将该记录固定在当前位置,而不会被后续 Word 文档名称替换,在 Word 2010 中默认会显示 20 个最近打开或编辑过的 Word 文档,如图 3.1.11所示。

图 3.1.11　"最近"命令面板

（3）打开"新建"命令面板，用户可以看到丰富的 Word 2010 文档类型，包括"空白文档""博客文章""书法字帖"等 Word 2010 内置的文档类型。用户还可以通过 Office.com 提供的模板新建诸如"会议日程""证书""奖状""小册子"等实用 Word 文档，如图 3.1.12 所示。

图 3.1.12　"新建"命令面板

（4）打开"打印"命令面板，在该面板中可以详细设置多种打印参数，例如双面打印、指定打印页等，从而有效控制 Word 2010 文档的打印结果，如图 3.1.13 所示。

图 3.1.13 "打印"命令面板

（5）打开"保存并发送"命令面板，用户可以在面板中将 Word 2010 文档发送到博客、发送电子邮件，可以更改文件类型，创建 PDF 电子文档等，如图 3.1.14 所示。

图 3.1.14 "保存并发送"命令面板

（6）选择"文件"面板中的"选项"命令，可以打开"Word 选项"对话框。在"Word 选项"对话框中可以开启或关闭 Word 2010 中的许多功能或设置参数，如图 3.1.15 所示。

图 3.1.15 "选项"命令面板

（7）"帮助"命令面板。可以获得 Office 帮助，包括联机下载 Office 部分素材，如图 3.1.16 所示。

图 3.1.16 "帮助"命令面板

（四）认识 Word 2010 多种视图模式及编辑

1. Word 2010 视图模式

在 Word 2010 中提供了多种视图模式供用户选择,这些视图模式包括"页面视图""阅读版式视图""Web 版式视图""大纲视图"和"草稿视图"5 种。用户可以在"视图"功能区中选择需要的文档视图模式,也可以在 Word 2010 文档窗口的右下方单击视图按钮选择视图,如图 3.1.17 所示。

图 3.1.17　Word 视图

（1）页面视图

"页面视图"可以显示 Word 2010 文档的打印结果外观,主要包括页眉、页脚、图形对象、分栏设置、页面边距等元素,是最接近打印结果的页面视图。

（2）阅读版式视图

"阅读版式视图"以图书的分栏样式显示 Word 2010 文档,"文件"按钮、功能区等窗口元素被隐藏起来。在阅读版式视图中,用户还可以通过单击"工具"按钮选择各种阅读工具。

（3）Web 版式视图

"Web 版式视图"以网页的形式显示 Word 2010 文档,Web 版式视图适用于发送电子邮件和创建网页。

（4）大纲视图

"大纲视图"主要用于 Word 2010 文档的设置和显示标题的层级结构,并可以方便地折叠和展开各种层级的文档。大纲视图广泛应用于 Word 2010 长文档的快速浏览和设置。

（5）草稿视图

"草稿视图"取消了页面边距、分栏、页眉页脚和图片等元素,仅显示标题和正文,是最节省计算机系统硬件资源的视图方式。当然现在计算机系统的硬件配置都比较高,基本上不存在由于硬件配置偏低而使 Word 2010 运行遇到障碍的问题。

2. 调整 Word 2010 文档页面显示比例

在 Word 2010 文档窗口中可以设置页面显示比例,从而调整 Word 2010 文档窗口的大小。显示比例仅仅调整文档窗口的显示大小,并不会影响实际的打印效果。设置 Word 2010 页面显示比例的步骤如下:

（1）打开 Word 2010 文档窗口,切换到"视图"功能区。在"显示比例"分组中单击"显示比例"按钮。

（2）在打开的"显示比例"对话框中,用户既可以通过选择预置的显示比例(如 75%、页宽)设置 Word 2010 页面显示比例,也可以微调百分比数值调整页面显示比例,如图 3.1.18 所示。

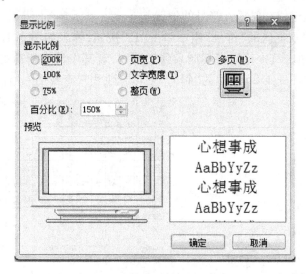

图 3.1.18 "显示比例"对话框

提示

除了在"显示比例"对话框中设置页面显示比例以外,用户还可以通过拖动 Word 2010 状态栏上的滑块放大或缩小显示比例,调整幅度为 10%。

(五)汉字字符输入

能向计算机中输入汉字字符的前提是:计算机要安装有相应的汉字字符输入法,并将其置为当前输入法。

插入点:指在 Word 文档编辑区中时刻闪烁的黑色竖条(光标)。

字符输入:先将插入点移至新内容所需的位置,然后通过输入工具输入字符,同时插入点随之在页面上同一行自左向右移动。

自动换行:当一行所容字符满额,若继续输入,则插入点自动换到下一行继续接收输入的字符。

手动换行:在输入字符过程中,根据需要可以按【Shift + Enter】组合键插入换行符,手动强行换行至下行继续输入字符。

换段:当一段字符输入完毕,按下 Enter 键插入段落标记,换至下行作为下一段字符的开始继续输入字符。

文档编辑:当进行文档编辑时,请将插入点移至编辑处,按 Del/Delete/Backspace 键进行删除修改,此时务必注意"插入/改写"功能所处的状态。

(六)特殊符号插入

虽然常见键盘都有一百多个键位,且键与键配合使用可输入很多的常见符号,但是有的符号用键盘输入非常麻烦或根本无法直接通过键盘输入,此时,可利用计算机中相应软件的特殊功能将其插入到文档中。

1. 通过 Word 的插入功能插入符号

（1）将插入点定位在要插入符号的位置。

（2）在"插入"功能区的"符号"组中单击"Ω"按钮,弹出如图 3.1.19 所示的最近常用的符号列表,可单击其中符号将其插入到文档中;若其中没有所需的符号,则单击"其他符号",系统弹出图 3.1.20 所示的"符号"对话框供用户查找插入所需的符号。

 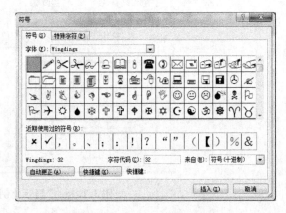

图 3.1.19　最近常用的符号列表　　　　图 3.1.20　插入符号对话框

字体:选择符号所需的字体,在不同的字体下同一基本字符可能呈现不同的形状。

子集:选择符号所属的类别集,在不同的子集中同一基本字符可能呈现不同的形状。

2. 通过输入法"软键盘"功能插入符号

右击输入法提示条上的"模拟键盘选择"按钮,会弹出模拟键盘分类,如图 3.1.21 所示。根据需要选择所需模拟键盘类别,可用于快速输入所需的符号。选择"特殊符号"类软键盘出现的软键盘图如图 3.1.21 所示,符号输入完毕后单击"关闭软键盘"。

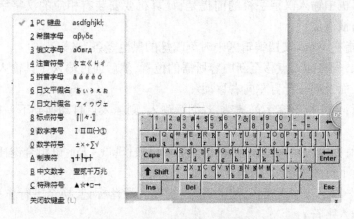

图 3.1.21　模拟键盘的使用

（七）新建文档

每次启动 Word 2010 时,它都会自动创建一个空白文档,并以"文档1"命名,此时即可在该文档中输入文本,如果还需要新建其他文档,可执行以下操作:

（1）单击"文件"选项卡标签,在打开的选项卡中选择左侧窗格的"新建"项。

（2）在右侧单击选择要创建的文档类型,如"空白文档",单击【创建】按钮,如图

3.1.22 所示。

图 3.1.22　新建文档

按【Ctrl + N】组合键,也可快速新建一个空白文档。

此外,Word 2010 提供了各种类型的文档模板,利用它们可以快速创建带有相应格式和内容的文档。要应用模板创建文档,可在图 3.1.22 所示的界面中选择一种模板类型,然后在打开的模板列表中选择想要使用的模板,最后单击【创建】按钮即可。

(八) 打开文件

在 Word 2010 软件中,若希望对已有文件内容进行操作,则必须先将其打开,常用的打开文件的方法如下。

1. 打开最近使用过的文档

方法一:在"开始"菜单中选择最近使用过的文档,如图 3.1.23 所示。

方法二:假如当前 Word 2010 已启开,可在任务栏上右击 Word 图标,从右键菜单中选择最近使用过的文档打开,如图 3.1.24 所示。

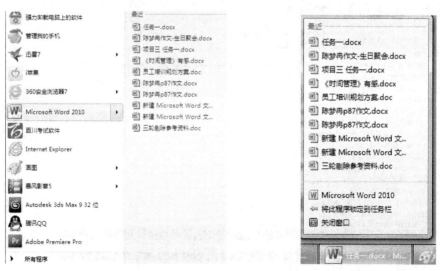

图 3.1.23　"开始菜单"中最近使用文档列表　　**图 3.1.24　右击任务栏 Word 图标快捷菜单**

2. 通过"打开"命令打开文档

（1）按【Ctrl + O】组合键，或在"文件"功能栏中单击"命令"，系统弹出图 3.1.25 所示的"打开"对话框。

（2）在左侧的导航区域查找文件所在的位置，在右侧列表区域中双击文档，或单击选中文档后再单击右键选择"打开"命令。

图 3.1.25　"打开"对话框

 提示

通过文档类型列表可以选择要打开文档的类型，如图 3.1.26 所示。

在 Word 2010 中，可以通过单击"打开"按钮右侧的箭头，再从打开的列表中选择不同的文档打开方式，如图 3.1.27 所示。

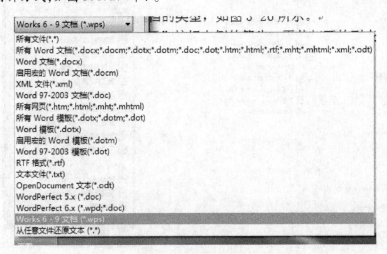

图 3.1.26　文件类型列表

图 3.1.27　打开文档的可选择方式

(九) 保存文件

在新建文档或修改了文档时,都需要对文档进行保存操作,否则文档只是存放在计算机内存中,一旦断电或关闭计算机,文档或修改的信息就会丢失。保存文档的操作步骤如下:

(1) 单击快速访问工具中的【保存】按钮,弹出"另存为"对话框,如图 3.1.28 所示。

(2) 在对话框左侧的窗格中选择用来保存文档的磁盘驱动器和文件夹。若希望新建一个文件夹来保存文档,可选择新文件夹的位置(如 D 盘),然后单击文件夹名称并双击将其打开。

(3) 在"文件名"编辑框中输入文档名。

(4) 单击【保存】按钮。也可在"文件"菜单中单击"保存"选项,或按【Ctrl + S】组合键保存文档。

图 3.1.28　保存文档

在编辑文档时,要养成经常保存文档的习惯。第二次保存文档时,不会再弹出"另存为"对话框。

当对某个文档进行修改时,若希望保留原文档,可选择"文件|另存为"菜单,打开"另存为"对话框,将文档以不同的名称或位置保存,这样修改结果将只反映在另存后的文档中,原文档没有任何改动。

(十) 关闭文档

Word 2010 可以同时打开多个文档进行查看或编辑,当不再需要某个文档时,可以将其关闭。可在"文件"菜单选项中单击【关闭】选项,或单击程序窗口右上角的"关闭"按钮。

关闭文档或退出 Word 2010 程序时,若文档经修改后尚未保存,系统将弹出提示对话框,提醒用户保存文档,如图3.1.29所示。单击【保存】按钮,表示保存文档;单击【不保存】按钮,表示不保存文档;单击【取消】按钮,表示取消关闭文档的操作,返回正常的文档编辑状态。

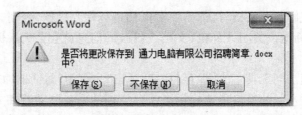

图 3.1.29 提示对话框

三、操作步骤

(1)单击"开始|程序|Microsoft Office|Microsoft Word 2010"命令,启动 Word 2010。

(2)单击"文件"菜单"保存"选项,在弹出的"另存为"对话框中找到保存路径,输入文档的名称"通力电脑有限公司招聘简章",如图3.1.30所示。

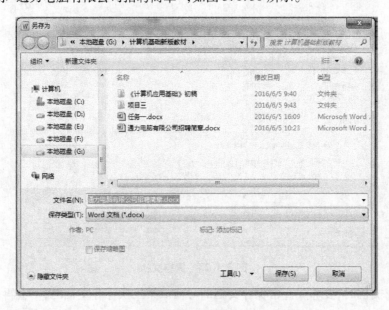

图 3.1.30 保存文档

（3）在桌面输入法工具栏中选取一种中文输入法,如"智能 ABC 输入法"。

注:进行中英文输入状态切换,可使用【Ctrl + 空格】组合键;在不同的中文输入法之间切换,可使用【Ctrl + Shift】组合键。

（4）切换到页面视图,将光标插入点定位于第 1 行开始处,输入标题"通力电脑有限公司招聘简章",然后按 Enter 键另起一段,使光标移到下一行,如图 3.1.31 所示。

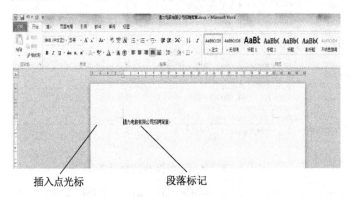

插入点光标   段落标记

图 3.1.31　输入标题

（5）继续输入其他内容。输入过程中,当文字到达右侧边距时,光标自动移到下一行行首。输入完一段后按一次 Enter 键,段尾有一个"↵"作为段落结束标记,如图 3.1.32 所示。

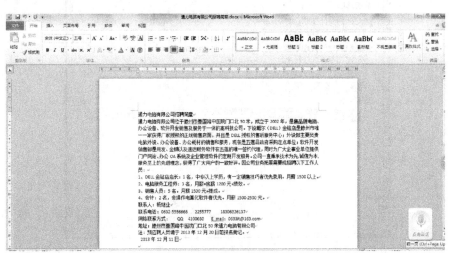

图 3.1.32　输入文字

（6）保存文档。单击工具按钮上的"保存"按钮 ,直接保存文档,也可选择"文件|另存为",在弹出的"另存为"对话框中选择新的保存位置或输入新的文档名称。Word 2010 中可以保存的文件类型比较多(见图 3.1.33),用户可以根据自己的需要进行选择。

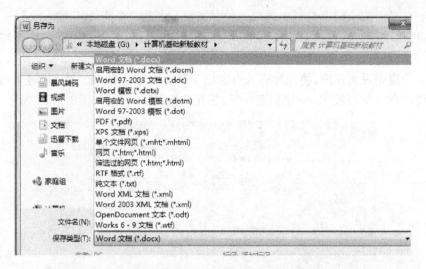

图 3.1.33　Word 中保存的文件类型

（7）设置文档权限。用户在保存文件时可以单击 `工具(L) ▾` 按钮,在打开的列表(见图 3.1.34)中选择相应选项保存附加参数设置,在 `常规选项(G)…` 中可以给文档设置打开和修改的权限。

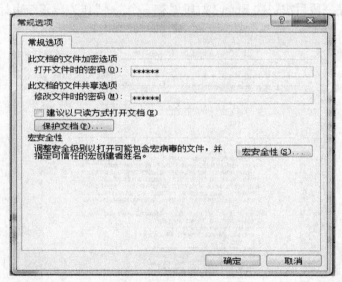

图 3.1.34　文档加密

（8）关闭文档,将文件从内存中清除,并关闭所打开的窗口。

任务二　文档的编辑——编辑通力公司招聘简章

一、任务描述

本任务利用 Word 2010 文字处理软件对文档中文字、字符、段落等内容进行调整，包括移动插入点、选定文档、剪切、复制、粘贴和删除等操作。

通力电脑有限公司的招聘简章是由两个员工输入的，现在要把两个文档合并成一个文档，还要对段落进行一些适当的调整，再把文档中所有的"电脑"改为"计算机"，最后结果如图 3.2.1 所示。

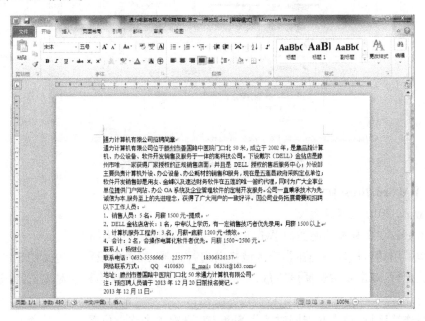

图 3.2.1　编辑后效果

二、相关知识

（一）在 Word 2010 中选择"插入"或"改写"状态

打开 Word 2010 文档窗口后，默认的文本输入状态为"插入"状态，即在原有文本的左边输入文本时，原有文本将右移。另外还有一种文本输入状态为"改写"状态，即在原有文本的左边输入文本时，原有文本将被替换。用户可以根据需要在 Word 2010 文档窗口中切换"插入"和"改写"两种状态，操作步骤如下：

（1）打开 Word 2010 文档窗口，依次单击"文件|选项"。

（2）在打开的"Word 选项"对话框中切换到"高级"选项卡，然后在"编辑选项"区域选中"使用改写模式"复选框，单击【确定】按钮即切换为"改写"模式。如果取消"使用改写模式"复选框并单击【确定】按钮，即切换为"插入"模式，如图 3.2.2 所示。

默认情况下，"Word 选项"对话框中的"使用 Insert 控制改写模式"复选框，则可以按键盘上的 Insert 键切换"插入"和"改写"状态，还可以单击 Word 2010 文档窗口状态栏中的"插入"或"改写"按钮切换输入状态。

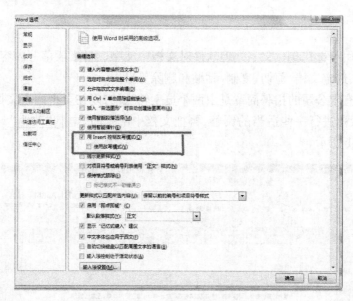

图 3.2.2　"插入"与"改写"状态切换

（二）Word 2010 中文本移动复制和粘贴编辑

1. Word 2010 选择操作

与 Word 2003 基本功能类似，Word 2010 中对象选择的方法如下：

文本可用通过鼠标左键在指定区域拖动进行选择，或者在段落左边文档选择区域单击左键选择行，双击左键选择该段落，三击左键选择全文；图片等其他对象选择采用单击形式。

选择连续区域：单击起点同时按住 Shift 键，再次单击终点位置。

选择不连续区域：可以选择部分对象后按住 Ctrl 键，再选择另一个区域。

2. 在 Word 2010 文档中进行复制、剪切和粘贴操作

复制、剪切和粘贴是 Word 2010 中最常见的文本操作，其中复制是在原有文本保持不变的基础上，将所选中文本放入剪贴板；而剪切则是在删除原有文本的基础上将所选中文本放入剪贴板；粘贴则是将剪贴板的内容放到目标位置。

在 Word 2010 文档中进行复制、剪切和粘贴操作的步骤如下：

（1）打开 Word 2010 文档窗口，选中需要剪切或复制的文本。然后在"开始"功能区的"剪贴板"分组单击"剪切"（快捷键【Ctrl + X】）或"复制"（快捷键【Ctrl + C】）按钮，如图 3.2.3 所示。

图 3.2.3　"复制"操作

（2）在 Word 2010 文档中将光标定位到目标位置,然后单击"剪贴板"分组中的"粘贴"按钮即可,如图 3.2.4 所示。

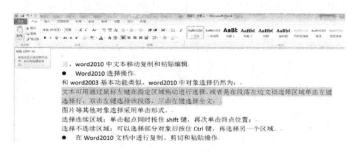

图 3.2.4　"粘贴"操作

3. 在 Word 2010 文档中使用"选择性粘贴"

"选择性粘贴"功能可以帮助用户在 Word 2010 文档中有选择地粘贴剪贴板中的内容,例如可以将剪贴板中的内容以图片的形式粘贴到目标位置。在 Word 2010 文档中使用"选择性粘贴"功能的步骤如下:

（1）打开 Word 2010 文档窗口,选中需要复制或剪切的文本或对象,并执行"复制"或"剪切"操作。

（2）在"开始"功能区的"剪贴板"分组中单击"粘贴"按钮下方的下拉三角按钮,并单击下拉菜单中的"选择性粘贴"命令,如图 3.2.5 所示。

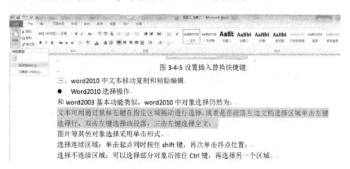

图 3.2.5　"选择性粘贴"操作

（3）在打开的"选择性粘贴"对话框中选中"粘贴"单选框,然后在"形式"列表中选中一种粘贴格式,例如选中"图片（增强型图元文件）"选项,如图 3.2.6 所示,单击【确定】按钮。

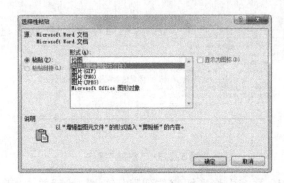

图 3.2.6　设置粘贴形式为图片

（4）剪贴板中的内容将以图片的形式被粘贴到目标位置,如图 3.2.7 所示。

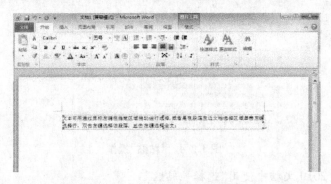

图 3.2.7　设置粘贴形式为图片

4. 在 Word 2010 文档中使用"粘贴选项"

在 Word 2010 文档中,当执行"复制"或"剪切"操作后,则会显示"粘贴选项"命令,包括"保留源格式""合并格式""仅保留文本"三个命令,如图 3.2.8 所示。

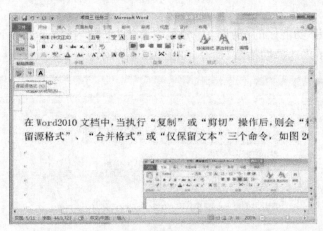

图 3.2.8　粘贴 3 种模式

"保留源格式"命令:被粘贴内容保留原始内容的格式。

"合并格式"命令:被粘贴内容保留原始内容的格式,并且合并应用目标位置的格式。

"仅保留文本"命令:被粘贴内容清除原始内容和目标位置的所有格式,仅仅保留文本。

5. 在 Word 2010 中取消显示 Office 剪贴板图标

Office 剪贴板用于暂存 Word 2010 中的待粘贴项目,用户可以根据需要确定在任务栏中显示或不显示 Office 剪贴板。在 Word 2010 文档中显示 Office 剪贴板的步骤如下:

(1) 打开 Word 2010 文档窗口,在"开始"功能区单击"剪贴板"分组右下角的"显示'Office 剪贴板'任务窗格"按钮,如图 3.2.9 所示。

图 3.2.9　显示/取消 Office 剪贴板 1

(2) 在打开的 Office 剪贴板任务窗格中,单击任务窗格底部的"选项"按钮。在打开的"选项"菜单中选中"在任务栏中显示 Office 剪贴板的图标"选项,如图 3.2.10 所示。

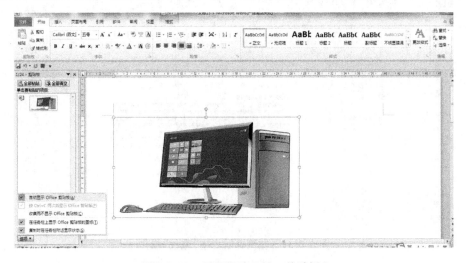

图 3.2.10　显示取消 Office 剪贴板 2

提示

Office 剪贴板选项菜单中其他项目的含义：

① 自动显示 Office 剪贴板：当 Office 剪贴板中暂存有内容时，自动打开"Office 剪贴板"任务窗格。

② 按【Ctrl + C】键两次后显示 Office 剪贴板：连续两次按下【Ctrl + C】组合键打开"Office 剪贴板"任务窗格。

③ 收集而不显示 Office 剪贴板：当 Office 剪贴板中暂存有内容时，不打开"Office 剪贴板"任务窗格。

④ 复制时在任务栏附近显示状态：当有新的粘贴内容时，自动弹出提示信息。

（三）在 Word 2010 中文档中使用查找、替换和定位功能

1. Word 2010 查找功能

借助 Word 2010 提供的"查找"功能，用户可以在 Word 2010 文档中快速查找特定的字符，操作步骤如下：

（1）打开 Word 2010 文档窗口，将光标移动到文档的开始位置。然后在"开始"功能区的"编辑"分组中单击"查找"按钮。

（2）在打开的"导航"窗格编辑框中输入需要查找的内容，并单击【搜索】按钮即可，用户还可以在"导航"窗格中单击搜索按钮右侧的下拉三角，在打开的菜单中选择"查找"命令。在打开的"查找"对话框中切换到"查找"选项卡，然后在"查找内容"编辑框中输入要查找的字符，并单击【查找下一处】按钮。

（3）查找到的目标内容将以黄色矩形底色标识，单击【查找下一处】按钮继续查找。

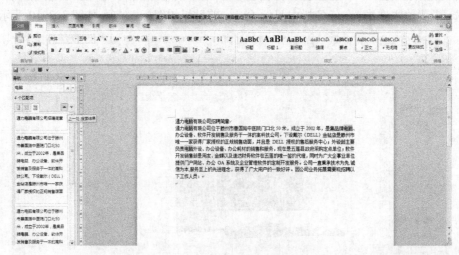

图 3.2.11　左侧导航栏中"查找"操作

2. 在 Word 2010 文档中突出显示查找到的内容

在 Word 2010 文档中可以突出显示查找到的内容，并为这些内容标识永久性标记。

即使关闭"查找和替换"对话框,或针对 Word 2010 文档进行其他编辑操作,这些标记将持续存在。在 Word 2010 中突出显示查找到的内容的步骤如下:

(1)打开 Word 2010 文档窗口,在"开始"功能区单击"编辑"分组的"查找"下拉三角按钮,并在打开的下拉菜单中选择"高级查找"命令,如图 3.2.12a 所示。

(2)在打开的"查找和替换"对话框中,在"查找内容"编辑框中输入要查找的内容,然后单击【阅读突出显示】按钮,并选择"全部突出显示"命令,如图 3.2.12b 所示。

图 3.2.12 对查找到的内容阅读突出显示

(3)可以看到所有查找到的内容都被标识以黄色矩形底色,并且在关闭"查找和替换"对话框或对 Word 2010 文档进行编辑时,该标识不会取消。如果需要取消这些标识,可以选择【阅读突出显示】下拉菜单中的"清除突出显示"命令,如图 3.2.13 所示。

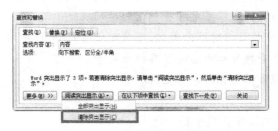

图 3.2.13 清除文字突出显示

3. 在 Word 2010 中设置自定义查找选项

在 Word 2010 的"查找和替换"对话框中提供了多个选项供用户自定义查找内容,操作步骤如下:

(1) 打开 Word 2010 文档窗口,在"开始"功能区的"编辑"分组中依次单击"查找|高级查找"按钮。

(2) 在打开的"查找和替换"对话框中单击【更多】按钮打开"查找和替换"对话框的扩展面板,在扩展面板中可以看到更多查找选项,如图 3.2.14 所示。

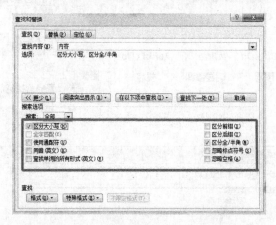

图 3.2.14　扩展面板中设置自定义查找选项

"查找和替换"对话框"更多"扩展面板选项的含义:

搜索:在"搜索"下拉菜单中可以选择"向下""向上"和"全部"选项确定查找的开始位置。

区分大小写:查找与目标内容的英文字母大小写完全一致的字符。

全字匹配:查找与目标内容的拼写完全一致的字符或字符组合。

使用通配符:允许使用通配符(例如"^#""^?"等)查找内容。

同音(英文):查找与目标内容发音相同的单词。

查找单词的所有形式(英文):查找与目标内容属于相同形式的单词,最典型的就是 is 的所有单词形式(如 are,were,was,am,be)。

区分前缀:查找与目标内容开头字符相同的单词。

区分后缀:查找与目标内容结尾字符相同的单词。

区分全/半角:在查找目标时区分英文、字符或数字的全角、半角状态。

忽略标点符号:在查找目标内容时忽略标点符号。

忽略空格:在查找目标内容时忽略空格。

4. 在 Word 2010 文档中替换字符

用户可以借助 Word 2010 的"查找和替换"功能快速替换 Word 文档中的目标内容,

操作步骤如下：

（1）打开 Word 2010 文档窗口，在"开始"功能区的"编辑"分组中单击"替换"按钮。

（2）打开"查找和替换"对话框，并切换到"替换"选项卡。在"查找内容"编辑框中输入准备替换的内容，在"替换为"编辑框中输入替换后的内容。如果希望逐个替换，则单击【替换】按钮，如果希望全部替换查找到的内容，则单击【全部替换】按钮，如图3.2.15 所示。

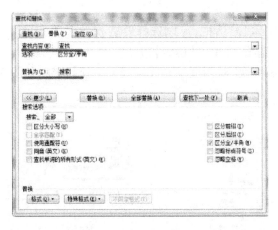

图 3.2.15　替换操作

（3）完成替换后单击"关闭"按钮关闭"查找和替换"对话框。用户还可以单击【更多】按钮进行更高级的自定义替换操作。

5. 在 Word 2010 中查找和替换字符格式

使用 Word 2010 的查找和替换功能，不仅可以查找和替换字符，还可以查找和替换字符格式（见图 3.2.16），如查找或替换字体、字号、字体颜色等格式。操作步骤如下：

图 3.2.16　在查找中设置格式或替换格式

（1）打开 Word 2010 文档窗口，在"开始"功能区的"编辑"分组中依次单击"查找|高级查找"按钮。

（2）在打开的"查找和替换"对话框中单击【更多】按钮，以显示更多的查找选项。

（3）在"查找内容"编辑框中单击鼠标左键，使光标位于编辑框中。然后单击"查找"区域的【格式】按钮。

（4）在打开的格式菜单中单击相应的格式类型（例如"字体""段落"等），本实例单击"字体"命令。

（5）打开"查找字体"对话框，可以选择要查找的字体、字号、颜色、加粗、倾斜等选项。本例选择"加粗"选项，并单击【确定】按钮。

（6）返回"查找和替换"对话框，单击【查找下一处】按钮，如图 3.2.17 所示。

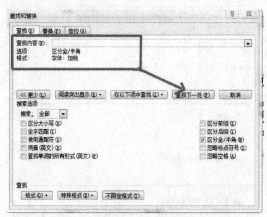

图 3.2.17　查找文档中所有加粗的字体

提示

如果需要将原有格式替换为指定的格式，可以切换到"替换"选项卡。然后指定想要替换成的格式,并单击【全部替换】按钮。

6. 在 Word 2010 文档中删除段落标记等特殊字符

用户从网上复制一些文字资料到 Word 2010 文档中后,往往会出现很多手动换行符等特殊符号。由于这些特殊符号的存在,往往使得用户无法按照一般的方法设置文档格式。用户可以借助 Word 2010 替换特殊字符的功能将不需要的特殊字符删除或替换成另一种特殊字符,以便正常设置 Word 2010 文档格式。

以在 Word 2010 中将手动换行符替换成段落标记,并将多余的段落标记删除为例,操作步骤如下:

(1)打开含有手动换行符的 Word 2010 文档,在"开始"功能区的"编辑"分组中单击"替换"按钮。

(2)在打开的"查找和替换"对话框中,确认"替换"选项卡为当前选项卡。单击"更多"按钮,在"查找内容"编辑框中单击鼠标左键。然后单击【特殊格式】按钮,在打开的"特殊格式"菜单中单击"手动换行符"命令(见图3.2.18a)。

(3)单击"替换为"编辑框,然后单击"特殊格式"按钮,在打开的"特殊格式"菜单中单击"段落标记"命令(见图3.2.18b)。

(a)　　　　　　　　　　　　　(b)

图 3.2.18　设置查找对象和替换对象

(4)在"查找和替换"对话框中单击【全部替换】按钮(见图3.2.19)。

(5)"查找和替换"工具开始将"手动换行符"替换成段落标记,完成替换后单击【确定】按钮。

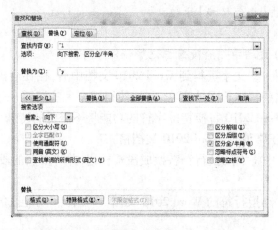

图 3.2.19　设置查找对象和替换对象

7. 在 Word 2010 中使用"定位"功能快速翻页

当用户想要在一个比较长的 Word 2010 文档中快速定位到某个特定页时，可以借助 Word 2010 提供的"定位"功能实现快速翻页，操作步骤如下：

（1）打开 Word 2010 文档，在"开始"功能区的"编辑"分组中单击"查找"按钮右侧的下拉三角按钮，并单击"定位"命令。

（2）打开"查找和替换"对话框，在"定位"选项卡的"定位目标"列表中选择"页"选项，然后在"输入页号"编辑框中输入目标页码，单击【定位】按钮，如图 3.2.20 所示。

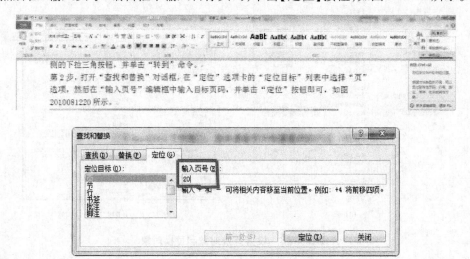

图 3.2.20　使用定位功能直接翻页

（四）操作的撤销和恢复

在编辑文档时难免会出现误操作，例如，不小心删除、替换或移动了某些文本内容，利用 Word 2010 提供的"撤销"和"恢复"操作功能，可以帮助用户迅速纠正错误操作。

1. 撤销操作

要撤销错误的操作，可使用以下几种方法：

（1）按【Ctrl + Z】组合键，或单击快速访问工具栏中的"撤销"按钮　（见图 3.2.21）。

（2）单击"撤销"按钮右侧的三角按钮，打开历史操作列表，从中选择要撤销的操作，则该操作及其后的所有操作都将被撤销。

图 3.2.21　撤销和恢复按钮

2．恢复操作

如果进行了错误的撤销操作，可以利用恢复功能将其修复，方法如下：

（1）按【Ctrl + Y】组合键，或单击快速访问工具栏中的"恢复"按钮 。

（2）在快速访问工具栏中单击"恢复"按钮的右侧三角按钮，打开恢复列表，从中选择要恢复的操作，则操作及其后的所有操作都将被恢复。

三、操作步骤

（1）双击本书配套素材"项目三 | 任务二 | 通力电脑有限公司招聘简章（原文二）"文件，打开文档，如图 3.2.22 所示。

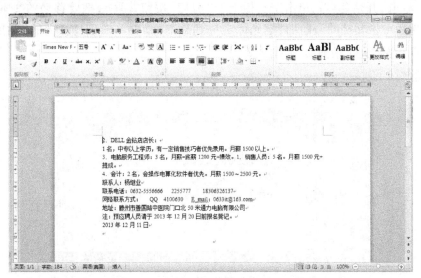

图 3.2.22　通力电脑有限公司招聘简章（原文二）

（2）第 1 段和第 2 段合并为一段，把光标移到第一段"金钻店店长："行尾，按 Delete 键，则下一段落合并到本段落尾部，如图 3.2.23 所示。

（3）把第 3 条拆分成两段，把光标移到"月薪 = 底薪 1200 元 + 绩效。"的右侧，然后按 Enter 键，则把第 3 条分成了两段，如图 3.2.24 所示。

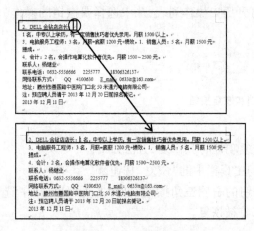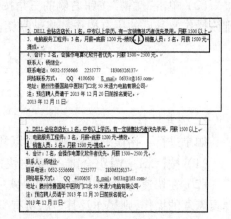

图 3.2.23　段落合并　　　　　　　　　图 3.2.24　段落拆分

（4）调整文字顺序,把"1.销售人员:5名。月薪1500元＋提成。"放在最前面作为第1条。在"1.销售人员:5名。月薪1500元＋提成。"之前单击鼠标,然后按住鼠标左键拖拽选择要移动的文字,然后松开鼠标左键。

（5）单击"开始"菜单,单击工具栏上的"剪切"按钮 剪切,把要移动的文本放到剪切板上,然后单击文档的最前面,把光标定位到最前面,再单击工具栏上的"粘贴"按钮,则把第1条放在了最前面,如图3.2.25所示。

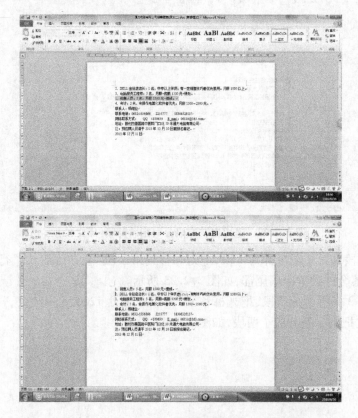

图 3.2.25　调整段落顺序

（6）把"通力电脑有限公司招聘简章（原文二）.doc"文档内容复制到"通力电脑有限公司招聘简章（原文一）.doc"的文章后面。将鼠标指针移动到选择条中，在按住 Ctrl 键的同时单击鼠标选定"通力电脑有限公司招聘简章（原文二）.doc"的所有内容，然后单击"开始"菜单工具栏上的"复制"按钮，打开"通力电脑有限公司招聘简章（原文一）.doc"，在文档内容的尾部单击后按 Enter 键另起一行，再单击"开始"菜单工具栏上的"粘贴"按钮，则把两个原文合在了一起。

（7）把文档中所有的"电脑"改为"计算机"，单击"文件"菜单中的"替换"按钮，打开"查找和替换"对话框，在"查找内容"输入"电脑"，在"替换"中输入"计算机"，单击【全部替换】按钮，在弹出的对话框中单击【确定】按钮，如图 3.2.26 所示。

（8）将两个文档另存，然后关闭文档。其中将"通力电脑有限公司招聘简章（原文一）"另存为"通力电脑有限公司招聘简章（效果）"。

图 3.2.26 替换设置

任务三　格式化文本——排版关于举办计算机技能培训的通知

一、任务描述

本任务利用 Word 2010 文字处理软件对文档中的文字进行格式设置，包括字体格式、段落格式、设置项目符号和编号、格式刷、边框和底纹等操作。通过完成这些任务，读者可以学会对 Word 文档的基本操作，如文本编辑、文字格式化、段落排版等。

公司为提高员工信息化处理能力，计划举办计算机技能培训，通知已输入完毕，为了强调一些内容的重要性及文档美观，应对相应的字体和段落进行设置，如图 3.3.1 所示。

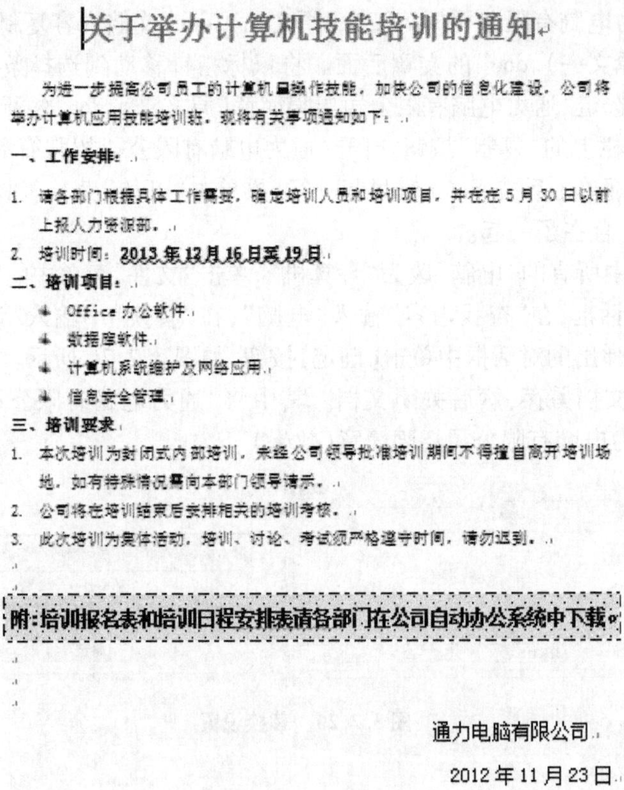

关于举办计算机技能培训的通知

　　为进一步提高公司员工的计算机量操作技能，加快公司的信息化建设，公司将举办计算机应用技能培训班，现将有关事项通知如下：

一、工作安排

1. 请各部门根据具体工作需要，确定培训人员和培训项目，并在在 5 月 30 日以前上报人力资源部。
2. 培训时间：**2013 年 12 月 16 日至 19 日**

二、培训项目：

- Office 办公软件
- 数据库软件
- 计算机系统维护及网络应用
- 信息安全管理

三、培训要求

1. 本次培训为封闭式内部培训，未经公司领导批准培训期间不得擅自离开培训场地，如有特殊情况需向本部门领导请示。
2. 公司将在培训结束后安排相关的培训考核。
3. 此次培训为集体活动，培训、讨论、考试须严格遵守时间，请勿迟到。

> **附：培训报名表和培训日程安排表请各部门在公司自动办公系统中下载。**

通力电脑有限公司

2012 年 11 月 23 日

图 3.3.1　培训通知

二、相关知识

（一）字符修饰

在 Word 2010 中，除了可以对文本进行编辑外，还可以对文本进行格式美化操作。其文本修饰功能主要集中在"开始"功能区的"字体"功能组中，如图 3.3.2 所示。

图 3.3.2　字符格式功能组

1. 字体

选中文本字符后，在"开始"功能区的"字体"组中单击"字体"下拉按钮，再从打开的列表中选择所需字体，如图 3.3.3 所示。

2. 字号

字号是指字的大小。选中文本字符后，在"开始"功能区中单击"字号"下拉按钮，再从打开的列表中选择所需字号，如图 3.3.4 所示。

图 3.3.3　选择字体　　　　图 3.3.4　选择字号

3. 常用字符的效果

"字体功能组"中常用的简单字符效果如表 3.3.1 所示。

表 3.3.1　常用字符效果示例

字符	示范
B：加粗/Ctrl + B	字符加粗
I：倾斜/Ctrl + I	字符倾斜
U：下划线/Ctrl + U	字符加下划线
abc：删除线	删除线
A：字符底纹	字符加底纹
A：字符边框	字符加边框
A：字符颜色	字符颜色
X₂：下标格式/Ctrl + =	X₂ + Y₂
X²：上标格式/Ctrl + Shift + =	A² + B²

4. 下划线

下划线功能可以给选定的字符,加上所需的下划线效果。选中字符后,在"开始"功能区的"字体"组中单击"下划线"按钮 **U**,则选中字符被加上默认的下划线,若单击 **U** ▾ 按钮右侧的三角箭头,则弹出下划线列表,供用户选择下划线的线型和设置下划线的颜色,如表 3.3.2 所示。

表 3.3.2　部分下划线效果

下划线	示范
字加下划线/ Ctrl + Shift + W	字 加 下划线
单下划线/ Ctrl + U	单下划线
双下划线/ Ctrl + Shift + D	双下划线
虚线下划线	虚线下划线
波浪线下划线	字符底纹
双波浪线下划线	双波浪线下划线
着重号	着重号

5. 文本效果

在 Word 2010 中,可以利用"文本效果"功能为选中的文本添加轮廓、阴影、映像及发光效果。选中文本后,在"开始"功能区的"字体"组中单击"文本效果"按钮 ，弹出常用文本效果列表,如图 3.3.5 所示,从中选择相应选项即可。

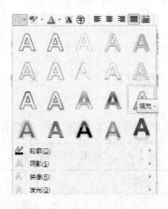

图 3.3.5 文本效果选择列表

6. "字体"对话框

利用"字体"功能组中的按钮对文本字符进行修饰,操作简单方便,但也有局限。而利用"字体"对话框可以对字符进行更丰富的效果设置,如图 3.3.6 和图 3.3.7 所示。打开"字体"对话框,可用如下方法:

方法一:按组合键【Ctrl + D】/【Ctrl + Shift + F】/【Ctrl + Shift + P】。

方法二:单击"字体"功能组右下角的扩展按钮 。

方法三:右击选中的文本,在弹出的快捷菜单中选择 字体(F)… 。

图 3.3.6 "字体"对话框"字体"选项卡

图 3.3.7 "字体"对话框"高级"选项卡

7. 格式刷

在 Word 2010 中,可以将已有字符对象的"格式"快速复制应用到其他字符对象上。复制格式的操作步骤如下:

(1)选中带有"源格式"的部分对象。

(2)单击 格式刷 按钮,此时鼠标光标变为刷子形状的光标。

（3）拖动格式刷光标选定目标对象,当放开鼠标左键时,复制的格式立即被应用到当前选定的对象上。

注意:要重复使用同一格式效果,可双击"格式刷"按钮连续多次应用。单击"格式刷"按钮,只能应用一次。

8. 拼音指南

利用拼音指南功能,可以在中文字符上自动标注汉语拼音,操作步骤如下:

（1）选中要添加拼音的汉字字符。

（2）在"开始"功能区的"字体"组中单击"拼音指南"按钮雯,弹出如图3.3.8 所示的"拼音指南"对话框,在其中对拼音进行参数设置并确定即可。

9. 更改字母大小写

对于文档中的英语字母,用户可以对其大小写进行快速更改。在"开始"功能区的"字体"组中单击"更改大小写"按钮 Aa▾,弹出更改方式列表,如图3.3.9 所示。

图 3.3.8　拼音指南　　　　　　　图 3.3.9　更改字母大小写

（二）段落修饰

1. 在 Word 2010 文档中显示或隐藏段落标记

默认情况下,Word 2010 文档中始终显示段落标记。用户需要进行必要的设置才能在显示和隐藏段落标记两种状态间切换,操作步骤如下:

（1）打开 Word 2010 文档窗口,依次单击"文件|选项"按钮,如图3.3.10 所示。

图 3.3.10　选项按钮

（2）在打开的"Word 选项"对话框中切换到"显示"选项卡，在"始终在屏幕上显示这些格式标记"区域取消"段落标记"复选框，单击【确定】按钮，如图 3.3.11 所示。

图 3.3.11　显示/隐藏段落标记

（3）返回 Word 2010 文档窗口，在"开始"功能区的"段落"分组中单击"显示/隐藏编辑标记"按钮，从而在显示和隐藏段落标记两种状态间进行切换（快捷键【Ctrl + *】），如图 3.3.12 所示。

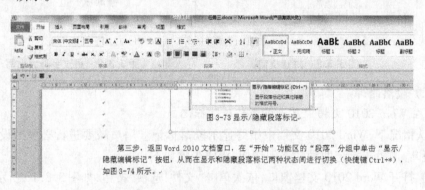

图 3.3.12　使用按钮显示/隐藏段落标记

2. 在 Word 2010 中快速设置行距和段间距

通过设置行距可以使 Word 2010 文档页面更适合打印和阅读，用户可以通过"行距"列表快速设置最常用的行距，操作步骤如下：

（1）打开 Word 2010 文档窗口，选中需要设置行距的段落或全部文档。

（2）在"开始"功能区的"段落"分组中单击"行距"按钮，并在打开的行距列表中选中合适的行距。也可以单击"增加段前间距"或"增加段后间距"设置段落和段落之间的距离，如图 3.3.13 所示。

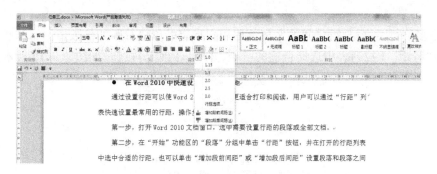

图 3.3.13 使用按钮快速设置行距和段间距

3. 在 Word 2010 文档中设置行距\段间距\段落缩进

所谓行距就是指 Word 2010 文档中行与行之间的距离,用户可以将 Word 2010 文档中的行距设置为固定的某个值(如 15 磅),也可以是当前行高的倍数。

段落间距是指段落与段落之间的距离,在 Word 2010 中,用户可以通过多种渠道设置段落间距。

在 Word 2010 文档窗口的"页面布局"功能区中,可以快速设置被选中的 Word 2010 文档的缩进值。

在 Word 2010 文档中设置行距的步骤如下:

(1) 打开 Word 2010 文档窗口,选中需要设置行间距的文档内容。然后在"开始"功能区的"段落"分组中单击"显示'段落'对话框"按钮,如图 3.3.14 所示。

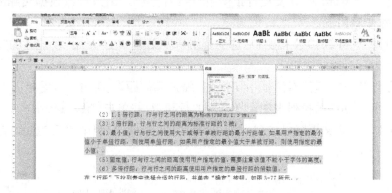

图 3.3.14 显示段落对话框按钮

(2) 在打开的"段落"对话框中切换到"缩进和间距"选项卡,然后单击"行距"下拉三角按钮。在"行距"下拉列表中包含 6 种行距类型,分别具有如下含义。

① 单倍行距:行与行之间的距离为标准行距的 1 倍。

② 1.5 倍行距:行与行之间的距离为标准行距的 1.5 倍。

③ 2 倍行距:行与行之间的距离为标准行距的 2 倍。

④ 最小值:行与行之间使用大于或等于单倍行距的最小行距值,如果用户指定的最小值小于单倍行距,则使用单倍行距,如果用户指定的最小值大于单倍行距,则使用指定的最小值。

⑤ 固定值:行与行之间的距离使用用户指定的值,需要注意该值不能小于字体的

高度。

⑥ 多倍行距:行与行之间的距离使用用户指定的单倍行距的倍数值。

在"行距"下拉列表中选择合适的行距,并单击【确定】按钮,如图3.3.15所示。

图3.3.15 段落对话框设置行距

4. 在 Word 2010 中设置默认行距

默认情况下,Word 2010 文档行距使用"单倍行距"。用户可以根据实际需要设置默认行距,操作步骤如下:

(1)打开 Word 2010 文档窗口,选中其中一段文本。在"开始"功能区的"段落"分组中单击显示段落对话框按钮。

(2)在打开的"段落"对话框中切换到"缩进和间距"选项卡,然后单击"行距"下拉三角按钮。在"行距"下拉列表中选择合适的行间距,并单击【确定】按钮。

(3)返回 Word 文档窗口,在"开始"功能区的"样式"分组中单击"显示样式窗口"按钮,如图3.3.16所示。

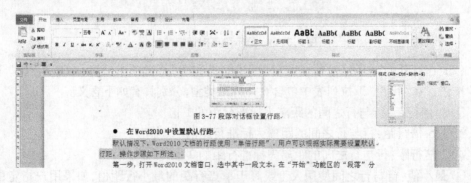

图3.3.16 单击显示样式窗口按钮

(4)打开"样式"面板,单击"正文"右侧的下拉三角按钮。在打开的下拉菜单中单击"更新正文亦匹配所选内容"命令,然后单击"修改"命令,如图3.3.17所示。

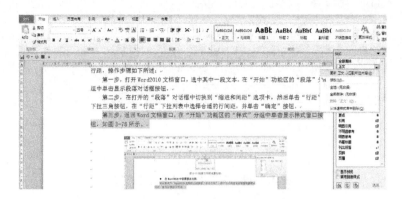

图 3.3.17　单击"更新正文亦匹配所选内容"命令

通过以上设置,将修改 Word 2010 文档默认模板 Normal.dotm 中的默认行距设置。

5. 在 Word 2010 中增加和减少缩进量

在 Word 2010 文档中,用户可以使用"增加缩进量"和"减少缩进量"按钮快速设置 Word 文档段落缩进,操作步骤如下:

(1) 打开 Word 2010 文档窗口,选中需要增加或减少缩进量的段落。

(2) 在 Word 2010 文档窗口"开始"功能区的"段落"分组中单击"减少缩进量"或 "增加缩进量"按钮设置 Word 文档缩进量,如图 3.3.18 所示。

图 3.3.18　单击按钮增加或减少段落缩进量

提示

使用"增加缩进量"和"减少缩进量"按钮只能在页边距以内设置缩进,而不能超出 页边距之外。

6. 在 Word 2010 中使用标尺设置段落缩进

借助 Word 2010 文档窗口中的标尺,用户可以很方便地设置 Word 文档段落缩进。 操作步骤如下:

(1) 打开 Word 2010 文档窗口,切换到"视图"功能区。在"显示/隐藏"分组中选中 "标尺"复选框,如图 3.3.19 所示。

图 3.3.19　在页面视图中勾选标尺

（2）在标尺上出现 4 个缩进滑块,拖动首行缩进滑块调整首行缩进;拖动悬挂缩进滑块设置悬挂缩进的字符;拖动左缩进和右缩进滑块设置左右缩进,如图 3.3.20 所示。

图 3.3.20　拖动滑动块设置缩进

7. 在 Word 2010 窗口标尺上创建和删除制表符

用户可以在 Word 2010 文档窗口的水平标尺上创建和删除制表符,操作步骤如下:

（1）打开 Word 2010 文档窗口,单击水平标尺最左端的制表符类型按钮,可以选择不同类型的制表符。Word 2010 包含 5 种不同的制表符,分别是左对齐式制表符(见图 3.3.21)、居中式制表符、右对齐式制表符、小数点对齐式制表符、竖线对齐式制表符。

图 3.3.21　单击选择指定类型的制表符

（2）在水平标尺的任意位置单击鼠标左键,即可创建当前类型的制表符。将制表符拖动移出标尺,将删除制表符,如图 3.3.22 所示。

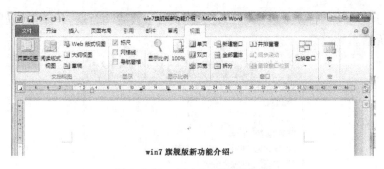

图 3.3.22　创建和删除制表符

8．在 Word 2010 中将制表位转换成表格

对于使用制表位进行排版的 Word 2010 文本块,用户可以方便地将其转换成表格的形式,操作步骤如下:

(1)打开 Word 2010 文档窗口,确认不同行的 Word 文本具有相同数量的制表位(即相同的列数),并选中使用制表位排版的文本块,如图 3.3.23 所示。

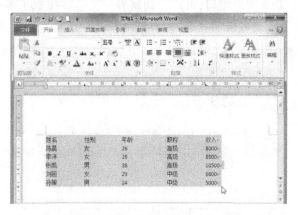

图 3.3.23　选中制表位排版的文本块

(2)在 Word 2010 文档窗口中切换到"插入"功能区,在"表格"分组中单击"表格"按钮。在打开的"表格"菜单中选择"文本转换成表格"选项,如图 3.3.24 所示。

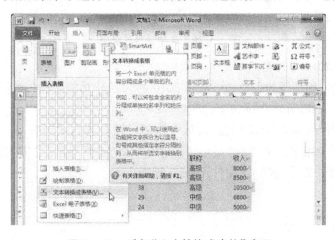

图 3.3.24　选择"文本转换成表格"选项

（3）打开"将文字转换成表格"对话框,确认各项设置均合适,并单击【确定】按钮,如图3.3.25所示。

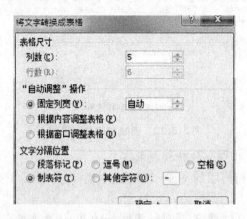

图 3.3.25 "将文本转换成表格"对话框

（4）返回 Word 2010 文档窗口,可以看到制表位已经转换成了表格。如果转换成的表格不合适,可以恢复到制表位的状态,并调整制表位的数量和位置,如图3.3.26所示。

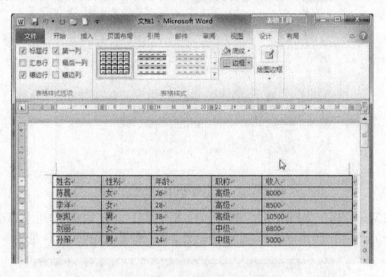

图 3.3.26 成功转换成表格

9. 在 Word 2010 中设置段落对齐方式

对齐方式的应用范围为段落,在 Word 2010 的"开始"功能区和"段落"对话框中均可以设置文本对齐方式,分别介绍如下:

方式一:打开 Word 2010 文档窗口,选中需要设置对齐方式的段落。然后在"开始"功能区的"段落"分组中分别单击"左对齐"按钮、"居中对齐"按钮、"右对齐"按钮、"两端对齐"按钮和"分散对齐"按钮设置对齐方式,如图3.3.27所示。

图 3.3.27　单击段落对齐按钮

方式二:打开 Word 2010 文档窗口,选中需要设置对齐方式的段落。在"开始"功能区的"段落"分组中单击显示段落对话框按钮,在打开的"段落"对话框中单击"对齐方式"下拉三角按钮,然后在"对齐方式"下拉列表中选择合适的对齐方式,如图 3.3.28所示。

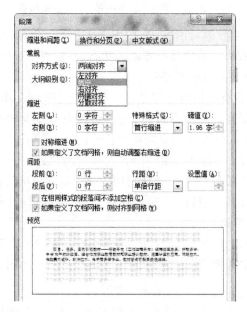

图 3.3.28　使用"段落"对话框设置段落对齐方式

(三) 在 Word 2010 中输入项目符号和编号

1. 输入项目符号

为了区分 Word 2010 文档中不同类别的文本内容,可使用原点、星号等符号表示项目符号,并以段落为单位进行标识。在 Word 2010 中输入项目符号的方法如下:

打开 Word 2010 文档窗口,选中需要添加项目符号的段落。在"开始"功能区的"段落"分组中单击"项目符号"下拉三角按钮。在"项目符号"下拉列表中选中合适的项目符号即可,如图 3.3.29 所示。

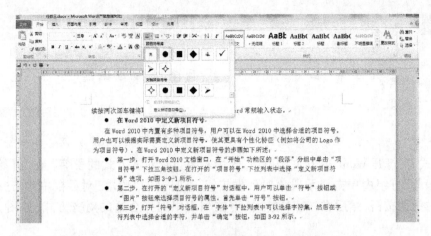

图 3.3.29　单击"项目符号"下拉三角按钮

在当前项目符号所在行输入内容,当按下 Enter 键时会自动产生另一个项目符号。如果连续按两次 Enter 键将取消项目符号输入状态,恢复到 Word 常规输入状态。

2. 在 Word 2010 中定义新项目符号

在 Word 2010 中内置有多种项目符号,用户可以在 Word 2010 中选择合适的项目符号,也可以根据实际需要定义新项目符号,使其更具有个性化特征(例如将公司的 Logo 作为项目符号)。在 Word 2010 中定义新项目符号的步骤如下:

(1) 打开 Word 2010 文档窗口,在"开始"功能区的"段落"分组中单击"项目符号"下拉三角按钮。在打开的"项目符号"下拉列表中选择"定义新项目符号"选项。

(2) 在打开的"定义新项目符号"对话框中,用户可以单击【符号】按钮或【图片】按钮来选择项目符号的属性。

(3) 首先单击【符号】按钮。打开"符号"对话框,在"字体"下拉列表中可以选择字符集,然后在字符列表中选择合适的字符,单击【确定】按钮,如图 3.3.30 所示。

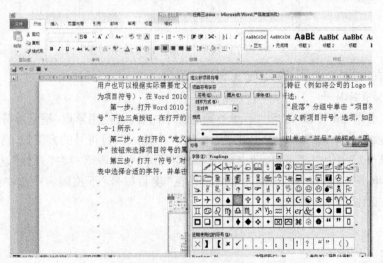

图 3.3.30　"符号"对话框

(4) 返回"定义新项目符号"对话框,如果继续定义图片项目符号,则单击【图片】

按钮。

（5）打开"图片项目符号"对话框，在图片列表中含有多种适用于做项目符号的小图片，可以从中选择一种图片。如果需要使用自定义的图片，则需要单击【导入】按钮。

（6）在打开的"将剪辑添加到管理器"对话框，查找并选中自定义的图片，单击【添加】按钮。

（7）返回"图片项目符号"对话框，在图片符号列表中选择添加的自定义图片，单击【确定】按钮，如图3.3.31所示。

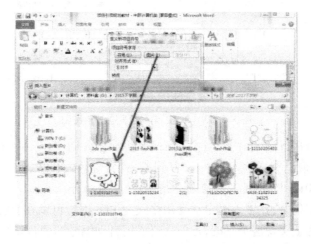

图3.3.31 使用图片作为特殊项目符号

（8）返回"定义新项目符号"对话框，可以根据需要设置对齐方式，最后单击【确定】按钮即可，如图3.3.32所示。

图3.3.32 完成定义新项目符号

3. 在 Word 2010 文档中输入编号

编号主要用于 Word 2010 文档中相同类别文本的不同内容，一般具有顺序性。编号一般使用阿拉伯数字、中文数字或英文字母，以段落为单位进行标识。在 Word 2010 文档中输入编号的方法如下：

打开 Word 2010 文档窗口,在"开始"功能区的"段落"分组中单击"编号"下拉三角按钮。在"编号"下拉列表中选中合适的编号类型即可,如图 3.3.33 所示。

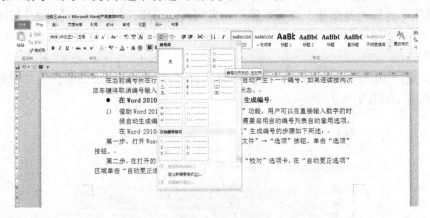

图 3.3.33　单击"编号"下拉三角按钮

在当前编号所在行输入内容,当按下 Enter 键时会自动产生下一个编号。如果连续按两次 Enter 键将取消编号输入状态,恢复到 Word 常规输入状态。

4. 在 Word 2010 中用"键入时自动套用格式"生成编号

借助 Word 2010 中的"键入时自动套用格式"功能,用户可以在直接输入数字的时候自动生成编号。为了实现这个目的,首先需要启用自动编号列表自动套用选项。在 Word 2010 中使用"键入时自动套用格式"生成编号的步骤如下:

(1) 打开 Word 2010 文档窗口,依次单击"文件|选项"按钮。

(2) 在打开的"Word 选项"对话框中切换到"校对"选项卡,在"自动更正选项"区域单击"自动更正选项"按钮。

(3) 打开"自动更正"对话框,切换到"键入时自动套用格式"选项卡。在"键入时自动应用"区域勾选"自动编号列表"复选框,并单击【确定】按钮,如图 3.3.34 所示。

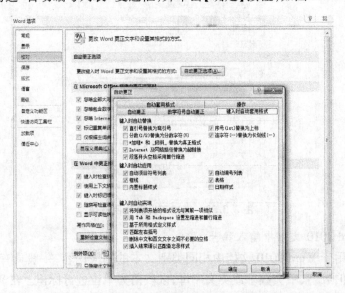

图 3.3.34　"键入时自动套用格式"选项卡

（4）返回 Word 2010 文档窗口,在文档中输入任意数字(例如输入阿拉伯数字 1),然后按下 Tab 键。接着输入具体的文本内容,按下 Enter 键则自动生成编号。连续按下两次 Enter 键将取消编号状态,或者在"开始"功能区的"段落"分组中单击"编号"下拉三角按钮,在打开的编号列表中选择"无"选项取消自动编号状态。

5. 在 Word 2010 文档编号列表中重新开始编号

在 Word 2010 文档已经创建的编号列表中,用户可以从编号中间任意位置重新开始编号,操作步骤如下:

（1）打开 Word 2010 文档窗口,将光标移动到需要重新编号的段落。

（2）在"开始"功能区的"段落"分组中单击"编号"下拉三角按钮,选择"设置编号值"选项,如图 3.3.35 所示。

图 3.3.35　选择"设置编号值"选项

（3）打开"起始编号"对话框,选中"开始新列表"单选框,并调整"值设置为"编辑框的数值(例如起始数值设置为 1),单击【确定】按钮,如图 3.3.36 所示。

（4）返回 Word 2010 文档窗口,可以看到编号列表已经进行了重新编号。

（四）Word 2010 边框与底纹

1. 在 Word 2010 文档中插入段落边框

通过在 Word 2010 文档中插入段落边框,可以使相关段落的内容更突出,从而便于读者阅读。段落边框的应用范围仅限于被选中的段落,在 Word 2010 文档中插入段落边框的步骤如下:

图 3.3.36　"起始编号"对话框

（1）打开 Word 2010 文档窗口,选择需要设置边框的段落。

（2）在"开始"功能区的"段落"分组中单击"边框"下拉三角按钮,在打开的"边框"列表中选择合适的边框(例如分别选择上边框和下边框),如图 3.3.37 所示。

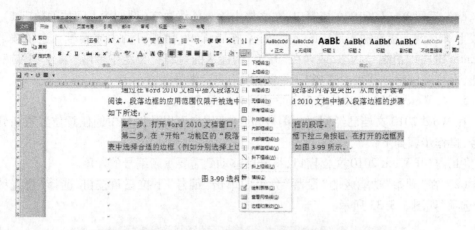

图 3.3.37　选择合适的边框

（3）返回 Word 2010 文档窗口，可以看到插入的段落边框，如图 3.3.38 所示。

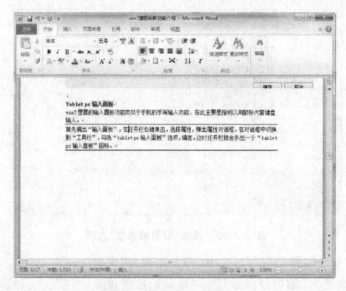

图 3.3.38　插入的段落边框

2. 在 Word 2010 文档中设置段落边框的格式

通过在 Word 2010 文档中插入段落边框，可以使相关段落的内容更加醒目，从而增强 Word 文档的可读性。默认情况下，段落边框的格式为黑色单直线。用户可以设置段落 边框的格式，使其更美观。在 Word 2010 文档中设置段落边框格式的步骤如下：

（1）打开 Word 2010 文档窗口，在"开始"功能区的"段落"分组中单击"边框"下拉三 角按钮，在打开的菜单中选择"边框和底纹"命令。

（2）在打开的"边框和底纹"对话框中，分别设置边框样式、边框颜色以及边框的宽 度。然后单击"应用于"下拉三角按钮，在下拉列表中选择"段落"选项，并单击"选项"按 钮，如图 3.3.39 所示。

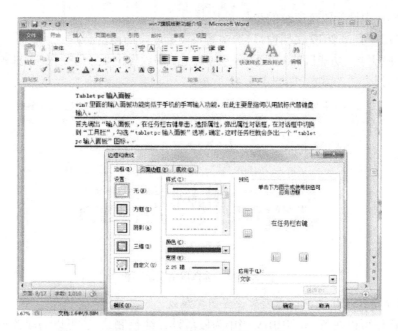

图3.3.39　"边框和底纹"对话框

（3）在"边框和底纹"对话框的"页面边距"区域设置边框与正文的边距数值，并单击【确定】按钮，如图3.3.40所示。

图3.3.40　"边框和底纹"对话框

（4）返回"边框和底纹"对话框，单击【确定】按钮。返回 Word 2010 文档窗口，选中需要插入边框的段落，插入新设置的边框即可。

3. 在 Word 2010 文档中设置段落底纹

通过为 Word 2010 文档设置段落底纹，可以突出显示重要段落的内容，增强可读性。

在 Word 2010 中设置段落底纹的步骤如下：

（1）打开 Word 2010 文档窗口，选中需要设置底纹的段落。

（2）在"开始"功能区的"段落"分组中单击"底纹"下拉三角按钮，在打开的底纹颜色面板中选择合适的颜色，如图 3.3.41 所示。

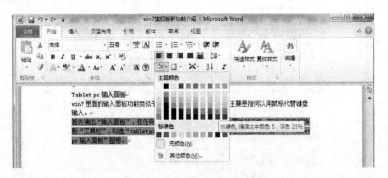

图 3.3.41　选择段落底纹颜色

4. 在 Word 2010 文档中为段落设置图案底纹

用户不仅可以在 Word 2010 文档中为段落设置纯色底纹，还可以为段落设置图案底纹，使设置底纹的段落更美观。在 Word 2010 中为段落设置图案底纹的步骤如下：

（1）打开 Word 2010 文档窗口，选中需要设置图案底纹的段落。在"开始"功能区的"段落"分组中单击"边框"下拉三角按钮，并在打开的"边框"下拉列表中选择"边框和底纹"选项，如图 3.3.42 所示。

（2）在打开的"边框和底纹"对话框中切换到"底纹"选项卡，在"图案"区域分别选择图案样式和图案颜色，单击【确定】按钮，如图 3.3.43 所示。

 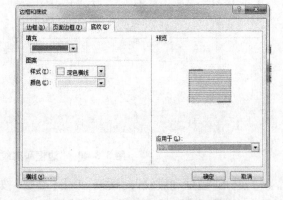

图 3.3.42　选择边框和底纹　　　　**图 3.3.43　选择图案样式和图案颜色**

（3）返回 Word 文档窗口，可以看到设置了图案底纹的段落，如图 3.3.44 所示。

图 3.3.44　设置了图案底纹的段落

5. 在 Word 2010 设置页面边框

根据排版需要,可以对文档每页的任意一边、某节、首页或除首页外的所有页添加边框,如图 3.3.45 和图 3.3.46 所示。

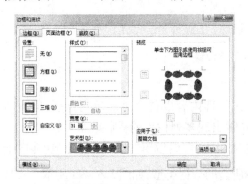

图 3.3.45　页面边框设置

图 3.3.46　页面设置效果

(五) 文字方向

图 3.3.47　文字方向
样式列表

在 Word 2010 中,用户可以更改文档或图形对象中文字的方向,如文本框、图形、标注或表格单元格等,体现出不同的文字方向效果。具体步骤如下:

(1) 将光标置于文档的任意处,或选中需要更改文字方向的对象。

(2) 在"页面布局"功能区或"绘图工具 格式"功能区中单击"文字方向"按钮,在打开的文字方向预设效果列表中单击所需的样式(见图 3.3.47),则对象文本立即调整为所选样式。

(六) 首字下沉

首字下沉是将段落首字符相对于同行的其他字符以缩进或悬挂方式下沉一定的行数,创建一个大号字,体现出特殊的排版效果。设置首字下沉的一般步骤如下:

(1) 单击要用于首字下沉的段落。

（2）在"插入"功能区中单击"首字下沉"按钮，在打开的功能下拉列表（见图3.3.48a）中选择下沉的类型，自动生成默认的首字下沉效果。若选择命令，则弹出如图3.3.48b所示的对话框，在其中可以对首字下沉设置详细的参数。

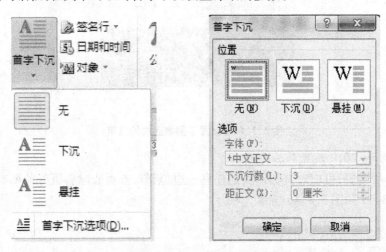

图3.3.48　首字下沉设置

（七）分栏

在 Word 2010 中，默认的排版方式是"一栏式"，即内容以整个页面单列排版，但有时工作中需要对文档进行分栏排版，形成页面中同时出现多列栏目的排版效果。

分栏的一般操作是：先选中需要分栏排版的文档内容，然后单击"页面布局"功能区的"分栏"按钮，在弹出的"预设分栏"列表中选择所需的分栏类型，如图3.3.49a所示。若选择 更多分栏(C)...，则弹出如图3.3.49b所示的"分栏"对话框，可在其内进行分栏参数设置。

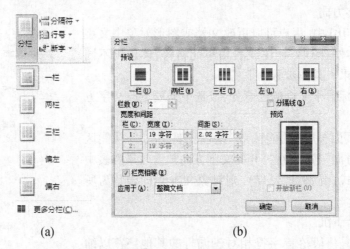

(a)　　　　　　　　　(b)

图3.3.49　分栏设置

"分栏"对话框的参数设置说明：

（1）栏数：是指对所选文本进行分栏的数目。

（2）宽度：是指对所选文本进行分栏后，每栏的宽度，栏与栏宽度可以设置不相等。

（3）间距：是指对所选文本进行分栏后栏与栏之间的间隔距离。

（4）栏宽相等：是指强制所分的每一栏的宽度都相同。

（5）分隔线：是指分栏后在栏与栏之间加上实线分隔线。

三、操作步骤

（1）打开本书配套素材"项目三|任务三|计算机技能培训通知（原文）"文档。

（2）设置标题：将标题字体格式设置为宋体、二号、加粗、红色；段落格式为居中、段前 0.5 行间距、段后 1 行间距。

① 选中标题文字"关于举办计算机技能培训的通知"，利用图 3.3.50 所示"开始"功能区的"字体"功能组进行设置。

图 3.3.50　"字体"功能组相应设置

② 选择"开始"功能区的"段落"功能组，打开"段落"对话框，如图 3.3.51 所示，在"缩进和间距"选项卡中设置"间距"为段前 0.5 行，段后 1 行，效果如图 3.3.52 所示。

图 3.3.51　设置标题的段落格式　　　　**图 3.3.52　设置标题的段落格式**

（3）设置正文格式：设置正文字体为宋体、小四号、段落行距为固定值 20 磅、第一段首行缩进 2 个字符。

① 选中正文所有字符，选择"开始"功能区的"字体"功能组，在打开的"字体"对话框中选择"字体"选项卡，设置字体为"宋体"，字号为"小四"，其余不变，如图 3.3.53 所示。

图 3.3.53 "字体"对话框设置

② 选中正文所有段落,选择"开始"功能区的"段落"功能组,打开"段落"对话框,在"间距"栏中设置行距为"固定值",设置值为"20 磅",如图 3.3.54 所示。

③ 选中正文第一段,选择"开始"功能区的"段落"功能组,打开"段落"对话框,设置"特殊格式"为"首行缩进",磅值为"2 字符",如图 3.3.55 所示。

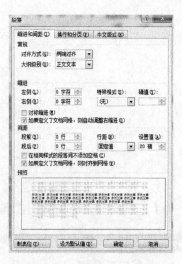

图 3.3.54 "段落"对话框设置

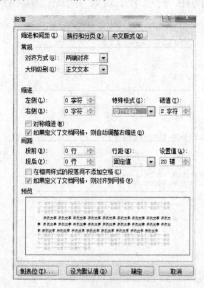

图 3.3.55 设置首行缩进 2 个字符

(4) 设置正文标题行格式。设置标题行"一、工作安排"的字形为加粗、段前段后各 0.5 行间距,利用格式刷复制格式到标题行"二、培训项目"和"三、培训要求"。

① 选中标题行文本"一、工作安排",将其格式设置为加粗、段前段后各 0.5 行间距。

② 保持文字选中状态,然后双击"格式刷"按钮,按住左键,刷过"二、培训项目"

和"三、培训要求",单击"格式刷"按钮结束复制操作。

（5）为"一、工作安排"的具体内容添加编号,为"2013 年 12 月 16 日至 19 日"文本"加粗"和添加"波浪线"。

① 选中"一、工作安排"部分的两个段落,单击"开始"功能区的"段落"功能组中的"编号"按钮,这两段自动获得如"1.""2."的编号。

② 选中文本"2013 年 12 月 16 日至 19 日",单击"开始"功能区的"字体"功能组,在打开的"字体"对话框中,"字形"项设为"加粗","下划线线型"项设为"波浪线",如图 3.3.56 所示。

图 3.3.56　设置波浪线

（6）为"二、培训项目"的具体内容添加项目符号。

选中这部分的 4 个段落,选择"开始"功能区的"段落"功能组中的"项目符号"按钮,选择需要的项目符号,单击【确定】按钮,如图 3.3.57 所示。

图 3.3.57　项目符号设置

（7）设置"三、培训要求"具体内容的格式。

选中这部分的两个段落,单击"开始"功能区的"段落"功能组的"编号"按钮 三▾,则这两段自动添加编号"1.""2.",把光标定位在"此次培训为集体活动"之前,按Enter 键,使光标后面文字自动成为下一段,这时,下一段自动往后编号,如图 3.3.58 所示。

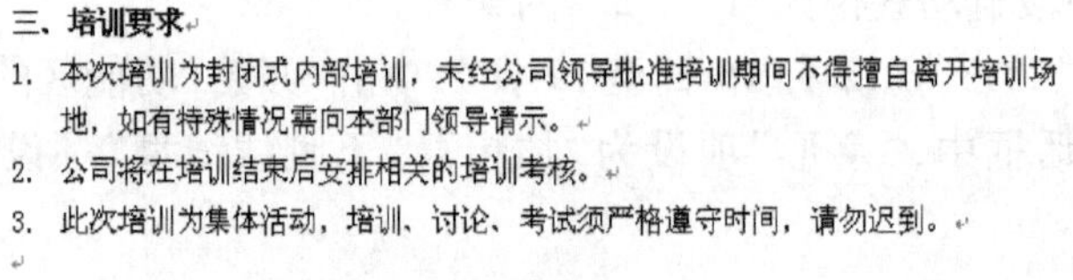

三、培训要求:
1. 本次培训为封闭式内部培训,未经公司领导批准培训期间不得擅自离开培训场地,如有特殊情况需向本部门领导请示。
2. 公司将在培训结束后安排相关的培训考核。
3. 此次培训为集体活动,培训、讨论、考试须严格遵守时间,请勿迟到。

图 3.3.58　段落添加自动编号

（8）设置"附"字符格式:宋体、四号、加粗。

选中"附"文本,利用"开始"功能区的"字体"功能组的对应按钮进行相应设置。

（9）为"附"添加边框和底纹,效果如图 3.3.59 所示。

边框要求为:线型点;颜色:自动;宽度:0.25 磅。

底纹要求为:填充:茶色、背景 2、颜色 50% ;样式:5% 。

选中"附"文本,单击"开始"功能区的"段落"功能组,选择"边框"选项卡后的下拉按钮 田▾,选择"边框和底纹"进行如图 3.3.60 所示的相应设置,切换到"底纹"选项卡进行如图 3.3.61 所示的相应设置,最后单击【确定】按钮。

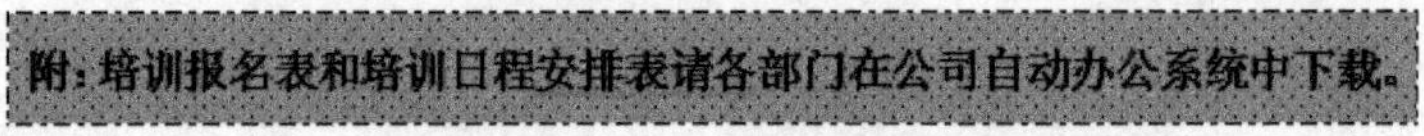

附:培训报名表和培训日程安排表请各部门在公司自动办公系统中下载。

图 3.3.59　设置边框和底纹效果

图 3.3.60　边框设置

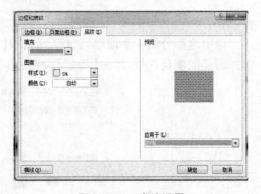

图 3.3.61　底纹设置

（10）设置落款:要求设置字体为宋体、四号;段落右对齐;段落缩进:"通力电脑有限公司"文本右缩进 1.5 字符。

选中落款文本,设置对应的字体格式,单击"开始"功能区的"段落"功能组"右对齐"按钮 三,实现落款的右对齐,选中"通力电脑有限公司"段落,设置右缩进为"1.5 字符",如图 3.3.62 所示。

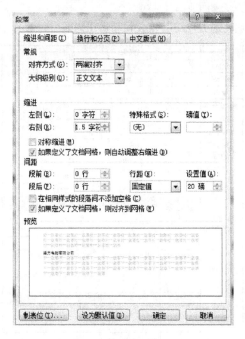

图 3.3.62　段落设置

任务四　创建表格——制作通力公司入职登记表

一、任务描述

在编辑文档时，为了更形象地说明问题，常常需要在文档中制作各种各样的表格。例如，课程表、学生成绩表、个人简历表、商品数据表和财务报表等。Word 2010 提供了强大的表格功能，可以快速创建与编辑表格。本任务主要学习 Word 2010 对表格的处理，如插入表格、绘制表格、表格的计算与排序、表格结构编辑与美化等操作。

通力电脑有限公司为了扩展业务，现计划招聘一部分员工，需了解员工的一些基本信息，要求制作一张新员工登记表，制作完成后的效果如图 3.4.1 所示。

通力电脑有限公司新员工入职登记表

姓名		性别		贴照片处	
民族		体重			
婚姻状况		出生年月			
籍贯		身高			
身份证号码	□□□□□□□□□□□□□□□□□□		政治面貌		
家庭住址			最高学历		
家庭电话		手机号			
任职部门		职务		职称	
参加工作时间		入公司时间		介绍人	
毕业院校		专业		学历	
是否毕业		毕业时间		学位	
教育培训经历（高中起）	起止时间	学校/培训机构	专业/培训内容	证书情况	
专业技能	技能名称	获取资格时间	等级	证书有效期	
家庭成员	关系	姓名	年龄	工作单位	联系电话

图 3.4.1　新员工入职登记表

二、相关知识

（一）创建表格

在 Word 2010 中,创建表格通常有 3 种方式。

1. 利用"插入表格"预览快速创建表格

当表格行、列少于 10×8 时,可将光标定位至目标位置,在"插入"功能区中单击"表格"按钮,并在打开的如图 3.4.2 所示的表格预览中从表格左上至右下方向拖动鼠标,确定所需创建表格的行、列数,文档中动态预览相应行、列的表格。单击鼠标,系统自动创建相应行列数的表格,如图 3.4.2 所示。

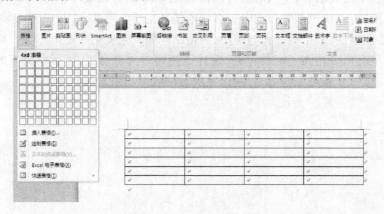

图 3.4.2　快速插入表格

2. 利用"插入表格"功能精确设置参数创建表格

在图 3.4.2 中单击  插入表格(I)...命令,弹出如图 3.4.3 所示的"插入表格"对话框,根据需要在其内设定表格参数,创建表格。

3. 直接绘制表格

在图 3.4.2 中单击 绘制表格(D) 命令,鼠标光标变为铅笔形状,此时按住鼠标左键并拖动即可手动绘制表格。同时,功能区出现"表格工具"工具集(含"设计"和"布局"两个功能区),如图 3.4.4 所示。在"设计"功能区单击"擦除"按钮,光标变为橡皮形状,单击即可擦除点击的表格线;按 Esc 键可以中断绘制表格和擦除线条命令。

图 3.4.3 插入表格

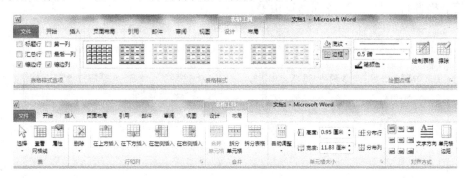

图 3.4.4 表格工具集

(二) 选定表格

1. 选定单元格

将鼠标指针移至单元格左侧边框线内侧,待鼠标指针变为向右的实心箭头时单击,该单元格被选中,突出显示,此时继续按住鼠标左键拖动,可扩大选中的单元格区域。

2. 选定表格的行

将鼠标指针移到表格行行首边框的外侧,待鼠标指针变为向右的空心箭头时单击,该行即被选中,突出显示,此时继续按住鼠标左键向上或向下拖动,可扩大行的选中区域。

3. 选定表格的列

将鼠标指针移到表格列顶端边框线的外侧,待鼠标指针变为向下的实心箭头时点击,该列被选中,突出显示,此时继续按住鼠标左键向左或向右拖动,可扩大列的选择区域。

4. 选定整个表格

将鼠标指针移到表格左上角的"移动控制点"上,待鼠标指针变为双向十字箭头 时单击,整个表格随之被选中,突出显示。

5. 选定表格的其他方式

将插入点置于单元格中时,单击"表格工具布局"功能区的按钮,或在表格右键菜单的 选择(C) 下拉列表中选择选定方式。

（三）调整表格

1. 行高、列宽调整

（1）粗略调整

当表格的行高、列宽不够时，可将鼠标指针移到要调整的行的下边线或列的边线上，待鼠标指针变为 ╬ 或 ╬ 形状时按住鼠标左键，随即产生一条水平或垂直的位置虚线，此时拖动鼠标即可快速调整表格的行高或列宽。

（2）精确调整

若要精确调整表格的行高或列宽，可打开"表格属性"对话框（见图 3.4.5）进行设置。

（3）均衡行高、列宽

若要在表格大小不变的情况下，通过使用 ╬ 平均分布各行(N)、╬ 平均分布各行(Y)功能，可以使表格各行行号相等、各列列宽相等。

图 3.4.5 "表格属性"行、列选项卡

2. 插入/删除表格行、列和单元格

（1）插入表格行、列

将光标置于表格单元格内，在"表格工具布局"功能区或在表格右键菜单的"插入"列表中的相应命令，即可在当前单元格的相应方向插入行或列，如图 3.4.6 所示。若要在表格末尾快速添加一行，可单击最后一行的最后一个单元格，然后按 Tab 键即可。

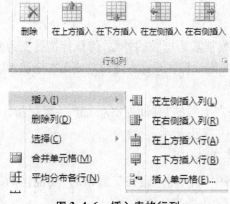

图 3.4.6 插入表格行列

（2）插入单元格

将插入点置于表格单元格内，在表格右键菜单的 [插入(I)] 列表中选择 [插入单元格(E)...] 命令，或在"表格工具 布局"功能区单击"行或列"组右侧的"扩展"按钮 ，打开"插入单元格"对话框，如图 3.4.7 所示，按需选择插入方式，完成单元格的插入操作。

"插入单元格"对话框中的选项说明如下：

活动单元格右移：插入的新单元格在其左侧，原活动单元格向右移动。

活动单元格下移：插入的新单元格在其上方，原活动单元格向下移动。

整行插入：在当前行的上方插入一整行。

整列插入：在当前列的左侧插入一整列。

（3）删除行、列或单元格

当要删除表格元素时，将插入点置于表格单元格内，在"表格工具 布局"功能区单击"删除"按钮 ，出现删除表格元素的命令行表，或在右键菜单中单击 [删除单元格(D)...] 命令，弹出图 3.4.8 所示的"删除单元格"对话框，选择相应命令完成删除操作。

"删除单元格"对话框中的选项说明如下：

右侧单元格左移：删除当前单元格后，其原右侧的单元格向左移动进行填补。

下方单元格上移：删除当前单元格后，其原下方的单元格向上移动进行填补。

删除整行：删除当前单元格所在的行，其原下方行向上移动进行填补。

删除整列：删除当前单元格所在的列，其原右侧列向左移动进行填补。

图 3.4.7 "插入单元"格对话框　　　图 3.4.8 "删除单元格"对话框

（4）删除表格

当表格不需要时，可以在选中表格后采用以下方法将其删除：

① 按 Backspace 键；

② 执行"剪切"命令；

③ 在"表格工具 布局"功能区"行和列"组中的"删除"列表中选择"删除表格"命令。

3．合并与拆分单元格

在 Word 2010 中，充分利用合并与拆分单元格功能可以编制出比较复杂的表格。

（1）合并单元格

用户可以将相邻的多个单元格合并为一个单元格来使用。合并单元格的常用步骤如下：

① 选中要合并的相邻的多个单元格。

② 执行下列操作之一即可合并单元格：

　　a. 在"布局"功能区中单击"合并单元格"按钮▦。

　　b. 右击选中的单元格,在弹出的快捷菜单中单击▦ 合并单元格(M)命令。

　　c. 单击"设计"功能区中的"擦除"按钮▦,单击要擦除的单元格框线,达到合并单元格的目的。

　　(2) 拆分单元格

　　使用"拆分单元格"功能可以将选定的单元格拆分为设定的行、列数。选中要拆分的单元格,单击"布局"功能区中的"拆分单元格"按钮▦,弹出如图 3.4.9 所示的对话框,在其中设置单元格拆分的行、列数目并确定即可。

　　4. 拆分与合并表格

　　在实际操作中,根据需要可以对表格进行拆分或对多表格进行合并。

图 3.4.9　"拆分单元格"
　　　　对话框

　　(1) 拆分表格

　　单击拆分后位于下一新表格的首行内的任一单元格,单击"布局"功能区的"拆分表格"按钮▦,则原表格从当前行拆分为上下两个独立的表格。

　　(2)合并表格

　　删除两表格之间的所有内容(含空行),则上下两表格自然合为一体。

　　5. 移动表格

　　在 Word 2010 中,要移动表格,可用以下方法完成。

　　方法一:将鼠标指针移到表格左上角的"表格移动控制点"上,按住鼠标左键并拖动,可将表格拖到任意位置。

　　方法二:利用"剪切"和"粘贴"方法将表格进行移动。

　　(四) 表格格式设计

　　在 Word 2010 中,可以对表格及其内容进行一定的格式设置,使表格格式更加多样化、直观化、形象化。

　　1. 表格格式设计

　　用户可以使用设计命令对表格格式进行自行设计,也可以在"表格工具 设计"功能区的"表格样式"列表中直接套用 Word 2010 内置的表格样式,如图 3.4.10 所示。

图 3.4.10　表格样式

　　2. 边框和底纹

　　在 Word 2010 中,可以为表格或表格中的单元格添加指定的边框或底纹效果,使其具有精美的外观。选中需要指定边框或底纹效果的表格或表格中的单元格,单击"开始"功能区中的"段落"功能组,选择"边框和底纹",可以对表格或单元格设置不同的效果,如

图 3.4.11 所示。

图 3.4.11　"边框和底纹"对话框

3. 斜线表头

在日常的表格处理中,常常需要制作表头单元格带斜线样式的复杂表格,即带"斜线表头"的表格,在 Word 2010 中可以利用插入图形完成斜线表头的制作。方法是:

在表头单元格内直接输入表头内容,通过定位、换行、调整行距、调整字距等来确定表头内容所需的位置,用插入图形绘制斜线。

4. 标题行重复

在 Word 2010 中,当表格太长而超出当前页面时,系统自动在页面结束处对其进行分页。默认情况下,分至下页的表格没有标题行,这样会给阅读表格带来不便。利用 Word 2010 的"标题行重复"功能,则可在自动分页表格的开始处重复原有(简单)的单行标题行,这样既使表格阅读方便,又使表格整齐美观。常用方法如下:

单击表格标题行内的任一单元格,在"表格工具 布局"功能区中单击"重复标题行"按钮,Word 2010 自动在分页表格的首行插入标题行;也可以在"表格属性"对话框中进行设定。

5. 单元格内文本的对齐

表格单元格的内容和直接录入到 Word 中的内容一样可以进行字符与段落格式调整、插入艺术字与剪贴画等操作并对其进行格式设置。表格单元格内文本的方式有 9 种,如图 3.4.12 所示。

选中要设置对齐方式的单元格(若为单个单元格只需单击即可),执行下列操作之一。

方法一:右击当前单元格,在右键菜单的 单元格对齐方式(G) ▸ 下选择所需的对齐方式。

方法二:在"表格工具 布局"功能区的"对齐方式"组中选择对齐方式。

靠上居中齐
靠上两端对齐
靠上右对齐
中部两端对齐
中部右对齐
靠下两端对齐
靠下右对齐
水平居中对齐
靠下居中对齐

图 3.4.12　单元格文本对齐方式

（五）表格对齐方式与文字环绕

在 Word 2010 中，表格与图片等对象一样可以设置相对于页面的对齐方式、与上下文字的环绕方式等。常用的操作方法是：

单击激活或选定表格后，在"表格属性"对话框（见图 3.4.13）根据需要设置表格的对齐方式和文字环绕方式。

图 3.4.13　表格属性"表格"选项卡

（六）表格中的计算

Word 中的表格除了可以显示数据外，还可以对其进行计算。要对表格中的数据进行计算，首先要了解各个单元格的位置。一般用字母 A，B，C 等表示列编号，数字 1，2，3 等表示行编号，A1，A2 等表示单元格地址，A1：F5 表示单元格区域，如图 3.4.14 所示。

	A	B	C	D	E	F
1	A1	B1	C1	D1	E1	F1
2	A2	B2	C2	D2	E2	F2
3	A3	B3	C3	D3	E3	F3
4	A4	B4	C4	D4	E4	F4
5	A5	B5	C5	D5	E5	F5

图 3.4.14　单元格名称表示

对表格中的数据进行计算时，首先定位放置结果的单元格，然后在"表格工具　布局"功能区单击"公式"按钮 fx，将出现如图 3.4.15 所示的"公式"对话框。

图 3.4.15　"公式"对话框

在 Word 2010 中集成了许多内置函数用于统计计算,函数参数在使用中必须设置正确。如 SUM(LEFT)(LEFT:左面;RIGHT:右面;ABOVE:上方;BELOW:下方)表示对左边紧邻的所有数字内容的单元格进行求和;SUM(ABOVE)表示对上方紧邻的所有数字内容的单元格进行求和。也可以使用表格中单元格的引用地址来做函数参数。

(七)　表格数据的排序

表格中的数据根据需要可以按关键字列和指定的排序方式对"表格行"进行排列顺序。单击表格或选中要排序的行后,在"表格工具　布局"功能区中单击"排序"按钮,在弹出的"排序"对话框中进行排序参数设置,如图 3.4.16 所示。

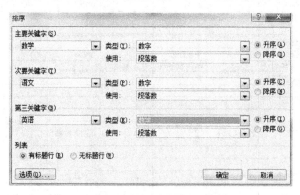

图 3.4.16　表格数据排序

三、操作步骤

(1) 启动 Word 2010 程序,新建空白文档,以"新员工入职登记表"为名保存。在文档开始位置输入表格标题文字"通力电脑有限公司新员工入职登记表",按 Enter 键换行。

(2) 创建表格。选择"插入"功能区中单击"表格"按钮,单击"插入表格"命令,打开"插入表格"对话框。通过分析"通力电脑有限公司新员工入职登记表",我们要创建一个 22 行 6 列的表格,所以在对话框中分别输入表格的行数和列数,如图 3.4.17 所示。

图 3.4.17　创建 1 个 22 行 6 列的表格

（3）编辑表格：

① 输入表格内容。按图 3.4.18 所示依次在单元格中单击输入表格内容。

通力电脑有限公司新员工入职登记表

姓名		性别			
民族		体重			
婚姻状况		出生年月			
籍贯		身高			
身份证号码				政治面貌	
家庭住址				最高学历	
家庭电话			手机号		
任职部门		职务		职称	
参加工作时间		入公司时间		介绍人	
毕业院校		专业		学历	
是否毕业		毕业时间		学位	
教育培训经历（高中起）	起止时间	学校/培训机构	专业/培训内容	证书情况	
专业技能	技能名称	获取资格时间	等级	证书有效期	
家庭成员	关系	姓名	年龄	工作单位	联系电话

图 3.4.18　输入表格内容

② 编辑表格。通过调整列宽、拆分单元格、合并单元格完成。

选定如图 3.4.19 所示的单元格区域，单击"表格工具 布局"功能区的"拆分单元格"按钮，打开"拆分单元格"对话框，设置列数为"2"，取消"拆分前合并单元格"，变成如图 3.4.19 所示格式。

姓名↵	↵	性别↵	↵
民族↵	↵	体重↵	↵
婚姻状况↵	↵	出生年月↵	↵
籍贯↵	↵	身高↵	

图 3.4.19　拆分单元格

把"性别""体重""出生年月""身高"对应的单元格选中并移动到其右侧新增加的列中,如图 3.4.20 所示。

姓名↵	↵	↵	性别↵	↵
民族↵	↵	↵	体重↵	↵
婚姻状况↵	↵	↵	出生年月↵	
籍贯↵	↵	↵	身高↵	
身份证号码↵	↵	↵	↵	

图 3.4.20　把前一列单元格内容往后移动

合并单元格:选中第 1 行第 2 个和第 3 个单元格,然后在"表格工具 布局"功能区中点击"合并单元格"按钮,将选定的 2 个单元格合并为 1 个单元格,如图 3.4.21 所示。用同样的方法合并其他单元格区域。

通力电脑有限公司新员工入职登记表↵

姓名	↵	↵	性别
民族	↵		体重
婚姻状况	↵		出生年月
籍贯	↵		身高

通力电脑有限公司新员工入职登记表↵

姓名		↵	性别
民族		↵	体重
婚姻状况		↵	出生年月
籍贯			身高

图 3.4.21　合并单元格

合并"身份证号码"后面的单元格后,利用"插入"功能区"符号"功能组中的符号按钮Ω插入 14 个方框符号"□"用于输入身份证号码。

调整相关列的列宽。微调时,将鼠标指针移到要调整的表格边框线上,待鼠标指针变成双向箭头形状时左右拖动,使单元格中的内容一一显示。另外,也可利用"插入"功能区中的"表格"按钮,单击"绘制表格"命令,绘制不规则的框线,如"证书情况"左侧的边框线,然后将不需要的边形擦除。利用相似的操作完成整个表格的调整,使其效果如图 3.4.22 所示。

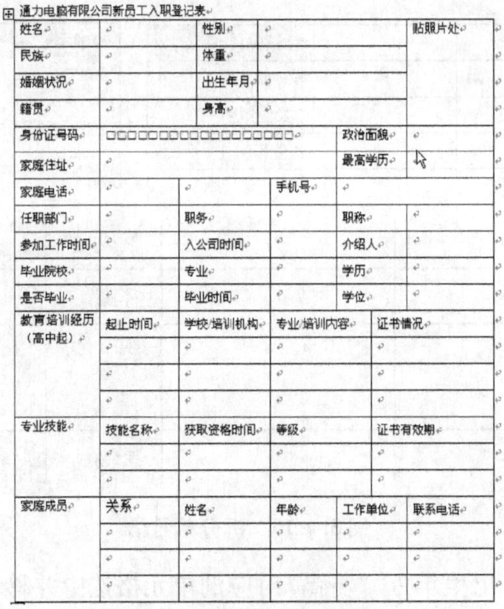

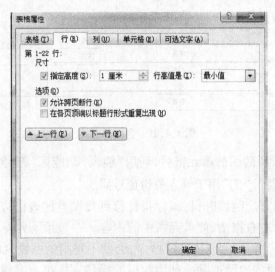

图 3.4.22　表格调整后

③ 美化表格。将表格标题设置为:黑体、二号、居中、段后间距为 1 行。设置表格内文本为:宋体、小四、单元格"中部居中"对齐。其中"身份证号"右侧单元格的字号为五号。

在表格中单击,然后单击表格左上角的 符号,选中整张表格,利用"开始"功能区中的"字体"功能组,设置对应文本格式。单击"表格工具 布局",在"对齐方式"功能组中单击"水平居中对齐"按钮,如图 3.4.23 所示。

图 3.4.23　"拆分单元格"对话框

④ 设置表格行高。选中表格,打开"表格属性"对话框,在"行"选项卡中勾选"指定高度"复选框,指定高度为 1 厘米,如图 3.4.24 所示,单击【确定】按钮。

图 3.4.24　"行"选项卡设置

⑤ 为单元格添加底纹。选择"起止时间""学校/培训机构""专业/培训内容""证书情况"所在的单元格。打开"边框和底纹"对话框,设置单元格底纹填充为"白色 背景1深色25%"。利用相同的操作完成"技能名称""获取资格时间""等级""证书有效期""关系""姓名""年龄""工作单位""联系电话"等单元格底纹的添加。效果如图3.4.25所示。

	起止时间	学校/培训机构	专业/培训内容	证书情况
教育培训经历(高中起)				
	技能名称	获取资格时间	等级	证书有效期
专业技能				
	关系	姓名	年龄	工作单位	联系电话
家庭成员					

图 3.4.25　设置底纹

⑥ 设置表格边框。将表格内边框线条设置为1/4磅,外框线为1.5磅的黑色实线。

选中整张表格,打开"边框和底纹"对话框的"边框"选项卡,设置为"全部"框线,线型为"实线",宽度为"0.25磅"(见图3.4.26),单击右侧"预览"的外框线处。将细实线的外框线取消掉,如图3.4.27所示。选择宽度为1.5磅的实线,再单击表格的外框线处,使外框应用1.5磅的黑色实线(见图3.4.28),单击【确定】按钮。

(4) 设置表格与页面的对齐。选择整个表格,然后单击"格式"工具栏上的"居中"按钮。

图 3.4.26　设置全部框线为 0.25 磅的黑色实线

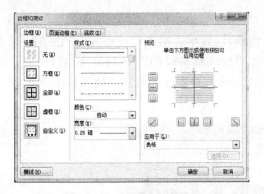 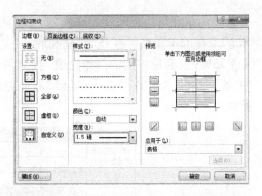

图 3.4.27　取消表格处框线　　　　　图 3.4.28　外框线设置为 1.5 磅的黑色实线

任务五　图文混排——制作通力公司宣传展板

一、任务描述

在生活、工作和学习中往往需要将 Word 的基本知识和技能综合在一起，灵活运用，制作比较综合的文档。本任务是通过制作宣传展板实例，进行图文混合排版。通过本任务的学习，学生可以在文档中插入并编辑图片、艺术字、剪贴画等对象，理解文本框应用，实现图文混合排版。

通力电脑有限公司为了更好地宣传自己，展示企业服务理念，需制作一个宣传展板，制作完成后的效果如图 3.5.1 所示。

图 3.5.1　宣传展板

二、相关知识

Word 2010 中新增了针对图形、图片、图表、艺术字、自动形状、文本框等对象的样式设置,样式包括了渐变效果、颜色、边框、形状和底纹等多种效果,可以帮助用户快速设置上述对象的格式。

(一)插入、编辑和美化图片

1. 插入剪贴画

剪贴画是 Word 2010 自带的剪辑库中的图片,用户可以方便地插入和设置参数从而改变效果。插入剪贴画的方法如下:

(1)将光标置于需插入剪贴画的位置。

(2)在"插入"功能区点击(剪贴画)按钮,系统弹出"剪贴画"窗口。用户可在"搜索文字"编辑框中输入要查找的剪贴画名称进行搜索。当搜索到满足条件的剪贴画后,将其以缩略图形式显示在列表中。若不输入任何字符直接进行搜索,则搜索出所有库中剪贴画。

(3)搜索到所需的剪贴画后,将其插入到文档中的常用方法有:

方法一:单击或双击该剪贴画。

方法二:单击剪贴画右侧的下箭头或右击该剪贴画,在弹出的快捷菜单中选择"插入"命令。

2. 插入图片

用户可以将多种格式的图片插入到 Word 2010 文档中,从而创建图文并茂的 Word 文档,操作步骤如下:

(1)打开 Word 2010 文档窗口,在"插入"功能区的"插图"分组中单击"图片"按钮。

(2)打开"插入图片"对话框,在"文件类型"编辑框中将列出最常见的图片格式。找到并选中需要插入到 Word 2010 文档中的图片,然后单击【插入】按钮,如图 3.5.2 所示。

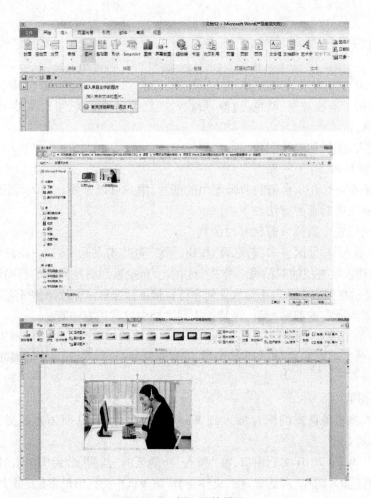

图 3.5.2　插入图片操作

3. 选择图片

在 Word 2010 文档中插入的图片,对其进行调整前必须将其选中,再进行操作。图片的常用选择方法有:

方法一:将鼠标指针移到剪贴画上,当指针变为双向十字箭头形状时单击,该剪贴画立即被选中,同时在其四周出现控制点。

方法二:选择多个图片时,可以框选或按住 Shift/Ctrl 键的同时逐个单击选中。

图片被选中后,在 Word 2010 的功能区自动出现"图片工具 格式"功能区,其中列出了对选中图片可进行操作的功能命令组,如图 3.5.3 所示。

图 3.5.3　图片工具功能区

4. 调整图片大小

在 Word 2010 文档中,用户可以通过多种方式设置图片尺寸。例如拖动图片控制手柄、指定图片宽度和高度数值等，下面介绍最常用的 3 种方式。

　　（1）拖动图片控制手柄

　　用户在 Word 文档中选中图片的时候，图片的周围会出现 8 个方向的控制手柄。拖动四角的控制手柄可以按照宽高比例放大或缩小图片的尺寸，拖动四边的控制手柄可以向对应方向放大或缩小图片，但图片宽高比例将发生变化，从而导致图片变形，如图 3.5.4 所示。

图 3.5.4　使用图片控制手柄裁切图片

　　（2）直接输入图片宽度和高度尺寸

　　如果用户需要精确控制图片在 Word 文档中的尺寸，则可以直接在"图片工具"功能区中输入图片的宽度和高度尺寸。设置方法如下：

　　打开 Word 2010 文档窗口，选中需要设置尺寸的图片。在"图片工具"功能区"格式"选项卡的"大小"分组中，分别设置"宽度"和"高度"数值即可，如图 3.5.5 所示。

图 3.5.5　精确输入数值裁切图片

　　（3）在"大小"对话框设置图片尺寸

　　如果用户希望对图片尺寸进行更细致的设置，可以打开"大小"对话框进行设置，操作步骤如下：

　　① 打开 Word 2010 文档窗口，右键单击需要设置尺寸的图片，在打开的快捷菜单中选择"大小和位置"命令，如图 3.5.6 所示。

图 3.5.6 右键菜单"大小和位置"

② 在打开的"布局"对话框中,切换到"大小"选项卡。在"尺寸和旋转"区域可以设置图片的高度和宽度尺寸;在"缩放比例"区选中"锁定纵横比"和"相对于图片原始尺寸"复选框,并设置高度或宽度的缩放百分比,对应的宽度或高度缩放百分比将自动调整,且保持纵横比不变;如果改变图片尺寸后不满意,可以单击【重置】按钮恢复图片原始尺寸。设置完毕单击【确定】按钮即可,如图 3.5.7 所示。

图 3.5.7 布局中"大小"选项卡

5. 裁剪图片

在 Word 2010 文档中,用户可以方便地对图片进行裁剪操作,以截取图片中最需要的部分,操作步骤如下:

(1) 打开 Word 2010 文档窗口,首先将图片的环绕方式设置为非嵌入型。然后单击选中需要进行裁剪的图片。在"图片工具"功能区的"格式"选项卡中,单击"大小"分组中的"裁剪"按钮。

(2) 图片周围出现 8 个方向的裁剪控制柄,用鼠标拖动控制柄将对图片进行相应方向的裁剪,同时可以拖动控制柄将图片复原,直至调整合适为止,如图 3.5.8 所示。

(3) 将光标移出图片,则鼠标指针将呈剪刀形状。单击鼠标左键将确认裁剪,如果想恢复图片只能单击快速工具栏中的"撤销裁剪图片"按钮,也可以使用布局对话框设定图片不同尺寸,如图 3.5.9 所示。

图 3.5.8 使用控制柄裁剪图片

图 3.5.9 使用"布局"对话框精确裁剪

使用"设置图片格式"对话框设置:

(1)打开 Word 2010 文档窗口,右键单击需要设置的图片,在打开的快捷菜单中选择"设置图片格式"命令。

(2)在打开的"设置图片格式"对话框中,切换到"图片"选项卡。在"裁剪"区域分别设置左、右、上、下的裁剪尺寸,并单击【确定】按钮,如图 3.5.10 所示。

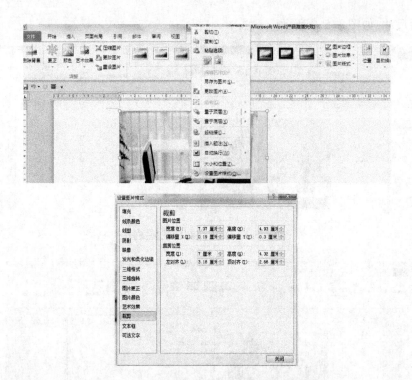

图 3.5.10　使用设置"图片格式"对话框裁剪图片

提示

　　如果裁剪后的图片不符合要求,可以单击"重新设置"按钮恢复图片的原始尺寸。

6. 设置图片文字环绕方式

　　默认情况下图片是作为字符插入 Word 2010 文档中的,其位置随着其他字符的改变而改变,用户不能自由移动图片。而通过为图片设置文字环绕方式,则可以自由移动图片的位置,操作步骤如下:

　　(1) 打开 Word 2010 文档窗口,选中需要设置文字环绕的图片。

　　(2) 在打开的"图片工具"功能区的"格式"选项卡中,单击"排列"分组中的"位置"按钮,在打开的预设位置列表中选择合适的文字环绕方式。这些文字环绕方式包括"顶端居左,四周型文字环绕""顶端居中,四周型文字环绕""顶端居右,四周型文字环绕""中间居左,四周型文字环绕""中间居中,四周型文字环绕""中间居右,四周型文字环绕""底端居左,四周型文字环绕""底端居中,四周型文字环绕""底端居右,四周型文字环绕"9 种方式,如图 3.5.11 所示。

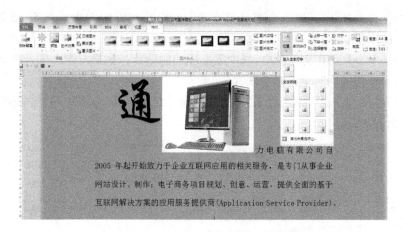

图 3.5.11　设置图片和文字之间环绕方式

　　如果用户希望在 Word 2010 文档中设置更丰富的文字环绕方式,可以在"排列"分组中单击"自动换行"按钮,在打开的菜单中选择合适的文字环绕方式,如图 3.5.12 所示。

图 3.5.12　更加丰富的图片文字环绕方式

　　Word 2010"自动换行"菜单中每种文字环绕方式的含义如下:

　　① 四周型环绕:不管图片是否为矩形图片,文字以矩形方式环绕在图片四周。

　　② 紧密型环绕:如果图片是矩形,则文字以矩形方式环绕在图片周围,如果图片是不规则图形,则文字将紧密环绕在图片四周。

　　③ 穿越型环绕:文字可以穿越不规则图片的空白区域环绕图片。

　　④ 上下型环绕:文字环绕在图片上方和下方。

　　⑤ 衬于文字下方:图片在下、文字在上,分为两层,文字将覆盖图片。

　　⑥ 浮于文字上方:图片在上、文字在下,分为两层,图片将覆盖文字。

　　⑦ 编辑环绕顶点:用户可以编辑文字环绕区域的顶点,实现更个性化的环绕效果。

　　7. 压缩图片

　　在 Word 2010 文档中插入图片后,如果图片的尺寸很大,则会使 Word 文档的文件体积变得很大。即使在 Word 文档中改变图片的尺寸或对图片进行裁剪,图片的大小也不会改变。不过用户可以对 Word 2010 文档中的所有图片或选中的图片进行压缩,这样可以有效减小图片的体积,同时也会有效减小 Word 2010 文件的大小。在 Word 2010 文档中压缩图片的步骤如下:

(1)打开 Word 2010 文档窗口,选中需要压缩的图片。如果有多个图片需要压缩,则可以在按住 Ctrl 键的同时单击多个图片。

(2)打开"图片工具"功能区,在"格式"选项卡的"调整"分组中单击"压缩图片"按钮,如图 3.5.13 所示。

图 3.5.13　压缩图片按钮

(3)打开"压缩图片"对话框,选中"仅应用于所选图片"复选框,并根据需要更改分辨率(例如选中"Web/屏幕"单选按钮)。设置完毕单击【确定】按钮,即可对 Word 2010 文档中的选中图片进行压缩,如图 3.5.14 所示。

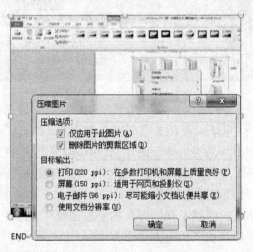

图 3.5.14　压缩图片设置

8.设置图片亮度或对比度

在 Word 2010 文档中,用户可以通过以下两种方式设置图片亮度或对比度。

(1)在"图片工具"功能区设置图片亮度或对比度

打开 Word 2010 文档窗口,选中需要设置亮度和对比度的图片。在"图片工具"功能区"格式"选项卡中,单击"调整"分组中的"更正"按钮。打开"更正"列表,在"亮度和对比度"区域选择合适的亮度和对比度选项,例如选择"亮度+40,对比度-20%",如图3.5.15所示。

图 3.5.15 设置图片亮度和对比度

(2)在"设置图片格式"对话框设置图片亮度或对比度

如果希望对图片亮度进行更细微的设置,可以在"设置图片格式"对话框中进行,操作步骤如下:

① 打开 Word 2010 文档窗口,选中需要设置亮度或对比度的图片。在"图片工具"功能区"格式"选项卡中,单击"调整"分组中的"更正"按钮,打开"更正"列表,选择"图片更正选项"命令。

② 打开"设置图片格式"对话框,在"图片更正"选项卡中调整"亮度"微调框,以1%为增减量进行细微的设置,同样以1%为增减量进行细微的对比度设置,如图3.5.16所示。

图 3.5.16 使用对话框精确调整图片亮度和对比度

9. 为图片重新着色

在 Word 2010 文档中,用户可以为图片重新着色、设置颜色饱和度或调整色调,实现图片的灰度、褐色、冲蚀、黑白等显示效果。操作步骤如下:

(1) 打开 Word 2010 文档窗口,选中准备重新着色的图片。在"图片工具"功能区的"格式"选项卡中,单击"调整"分组中的"颜色"按钮。

(2) 在打开的颜色模式面板中,用户在可以分别设置颜色饱和度、色调,或者在"重新着色"区域选择"灰度""橄榄色""冲蚀"或"紫色"等选项为图片重新着色,如图 3.5.17 所示。

图 3.5.17　为图片重新着色

10. 在 Word 2010 文档中应用图片样式

在 Word 2010 文档中,用户可以为选中的图片应用多种图片样式,包括透视、映像、边框、投影等,操作方法如下:

打开 Word 2010 文档窗口,选中需要应用图片样式的图片(按住 Ctrl 键的同时可以选中多个图片)。在"图片工具"功能区的"格式"选项卡中,选择"图片样式"分组中合适的快速样式即可。

提示

在"图片样式"分组中单击"其他"按钮可以打开图片样式面板,用户可以看到 Word 2010 提供的所有图片样式,如图 3.5.18 所示。

图 3.5.18　为图片重新设计样式

11. 在 Word 2010 文档中设置图片效果

在 Word 2010 文档中,用户可以为选中的图片设置阴影、映像、发光、边框、柔化边缘、棱台、三维旋转等效果。以添加阴影为例,操作步骤如下:

(1) 打开 Word 2010 文档窗口,选中需要设置阴影效果的图片。

(2) 在"图片工具"功能区的"格式"选项卡中,单击"图片样式"分组中的"图片效果"按钮。将鼠标指向"阴影"选项,并在打开的阴影列表中选择合适的阴影,如图 3.5.19 所示。

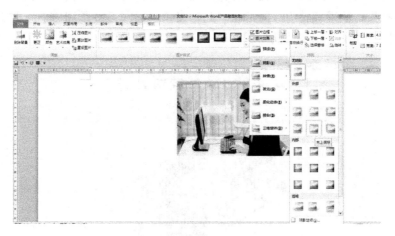

图 3.5.19　为图片设置阴影

提示

若 Word 2010 提供的图片阴影效果依然无法满足用户的实际需求,可以在图 3.5.19 所示的阴影列表中选择"阴影选项"命令,打开"设置图片格式"对话框。在"阴影"选项卡中分别调整阴影颜色、透明度、大小、虚化、角度和距离等阴影效果,如图 3.5.20 所示。

图 3.5.20　使用对话框为图片设置阴影

12. 在 Word 2010 文档中旋转图片

对于 Word 2010 文档中的图片,用户可以根据实际需要对选中的图片进行旋转。在 Word 2010 文档中旋转图片的方法有三种,一是使用旋转手柄,二是应用 Word 2010 预设的旋转效果,三是输入旋转的角度值。

（1）使用旋转手柄旋转图片

如果对于 Word 2010 文档中图片的旋转角度没有精确要求,用户可以使用旋转手柄旋转图片。首先选中图片,图片的上方将出现一个绿色的旋转手柄。将鼠标移动到旋转手柄上,鼠标指针呈现旋转箭头的形状。此时按住鼠标左键沿圆周方向正时针或逆时针旋转图片即可,如图 3.5.21 所示。

图 3.5.21　使用手柄旋转图片

（2）应用 Word 2010 预设旋转效果

Word 2010 预设了 4 种图片旋转效果,即向右旋转 90°、向左旋转 90°、垂直翻转和水平翻转,操作步骤在"图片工具"功能区的"格式"选项卡中,单击"排列"分组中的"旋转"按钮,并在打开的旋转菜单中选中"向右旋转 90°""向左旋转 90°""垂直翻转"或"水平翻转"效果,如图 3.5.22 所示。

图 3.5.22　使用预设效果旋转图片

（3）输入旋转角度数值旋转图片

用户还可以通过指定具体的数值，更精确地控制图片的旋转角度，如图 3.5.23 所示。

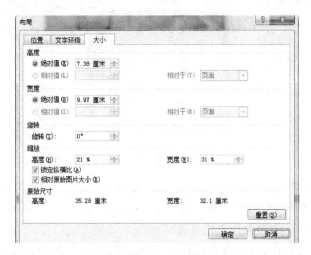

图 3.5.23　使用对话框旋转图片

13. 在 Word 2010 文档中设置图片边框

在 Word 2010 文档中，用户可以为选中的图片设置多种颜色、多种粗细尺寸的实线边框或虚线边框。实际上，当用户使用 Word 2010 预设的图片样式时，某些样式已经应用了图片边框。当然，用户也可以根据实际需要自定义图片边框，操作步骤如下：

（1）打开 Word 2010 文档窗口，选中需要设置边框的一张或多张图片。

（2）在"图片工具"功能区的"格式"选项卡中，单击"图片样式"分组中的"图片边框"按钮。在打开的图片边框列表中将鼠标指向"粗细"选项，并在打开的粗细尺寸列表中选择合适的尺寸，如图 3.5.24 所示。

图 3.5.24　设置图片边框粗细

（3）在"图片边框"列表中将鼠标指向"虚线"选项，并在打开的虚线样式列表中选择合适的线条类型（包括实线和各种虚线）。还可以单击"其他线条"命令选择其他线条样式，如图 3.5.25 所示。

图 3.5.25 设置图片边框线型

（4）在"图片边框"列表中单击需要的边框颜色,则被选中的图片将应用所设置的边框样式。如果希望取消图片边框,则可以单击"无轮廓"命令。

14. 在 Word 2010 文档中设置图片透明色

在 Word 2010 文档中,对于背景色只有一种颜色的图片,用户可以将该图片的纯色背景色设置为透明色,从而使图片更好地融入 Word 文档中。该功能对于设置有背景颜色的 Word 文档尤其适用。在 Word 2010 文档中设置图片透明色的步骤如下:

（1）选中需要设置透明的图片,在"图片工具"功能区的"格式"分组中,单击"调整"分组中的"颜色"按钮,并在打开的颜色模式列表中选择"设置透明色"命令,如图 3.5.26 所示。

图 3.5.26 设置图片透明色

（2）鼠标指标呈现彩笔形状时,将鼠标移动到图片上并单击需要设置为透明色的纯色背景,则被单击的纯色背景将被设置为透明色,从而使得图片的背景与 Word 2010 文档的背景色一致,如图 3.5.27 所示。

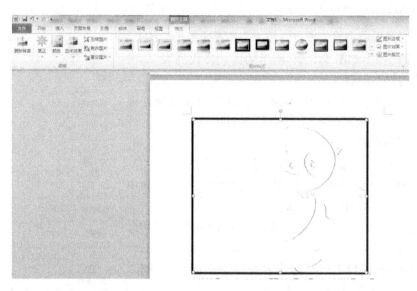

图 3.5.27 设置图片透明色

15. 在 Word 2010 文档中为图片设置艺术效果

在 Word 2010 文档中,用户可以为图片设置艺术效果,这些艺术效果包括铅笔素描、影印、图样等多种效果,操作步骤如下:

（1）打开 Word 2010 文档窗口,选中准备设置艺术效果的图片。在"图片工具"功能区的"格式"选项卡中,单击"调整"分组中的"艺术效果"按钮。

（2）在打开的艺术效果面板中,单击选中合适的艺术效果选项（本例选中"蜡笔平滑"）,效果如图 3.5.28 所示。

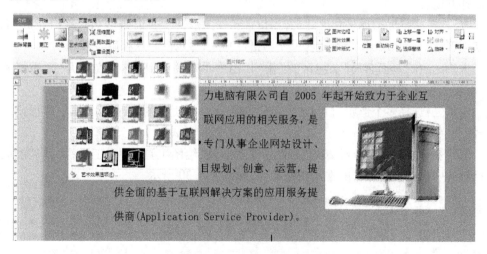

图 3.5.28 设置图片透明色

(二) 绘制、编辑和美化形状

Word 2010 中自带有许多既定格式的"形状对象",并允许对"形状对象"进行大小调整、旋转、翻转、着色,以及组合生成更复杂的形状等设置。形状都有调整控制点,可以用来更改形状的部分属性。

1. 绘制形状

（1）选择形状命令。单击"插入"功能区中的"形状"按钮 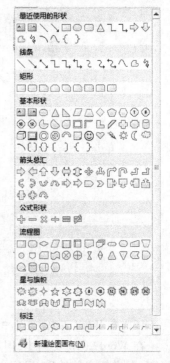，系统弹出如图 3.5.29 所示的形状样式列表，单击所需形状的预览图命令。

（2）绘制形状，在文档中要插入形状处按住鼠标左键并拖动"十"字形状鼠标光标，即可绘制形状对象。

在绘制图形时：

① 直接拖动鼠标，可绘制长宽任意的形状。

② 按住 Ctrl 键的同时拖动鼠标，可绘制以单击点为中心，长宽非等比的形状。

③ 按住 Shift 键的同时拖动鼠标，可绘制以单击点为起点，长宽等比的形状。

④ 同时按住【Ctrl + Shift】组合键拖动鼠标，可绘制以当前点为中心，长宽等比的形状。

绘制直线和箭头的注意事项：

① 直接拖动鼠标，可以当前点为起点向拖动方向任意绘制直线或箭头。

② 按住 Shift 键的同时拖动鼠标，则以当前点为起点向拖动方向绘制以 45°倍数递增的特殊角度线。

图 3.5.29　形状样式列表

2. 选择形状

插入到 Word 文档中的形状，对其进行调整前需将其先选中，再进行操作。形状的常用选择方法有：

方法一：将鼠标指标移到形状上，当指针转变为双向十字箭头形状时单击左键，该形状立即被选中，同时在其四周出现尺寸调整控制点、形状控制点和旋转控制点。

方法二：在"页面布局"功能区的"排列"组中单击 📌 按钮，然后在打开的"选择和可见性"窗格中选择形状。

方法三：选择多个形状时可以框选或按住 Shift/Ctrl 键的同时逐个单击选择或取消选择。

形状被选中后，在 Word 2010 功能区自动出现"绘图工具格式"工具栏，其功能区内包括对选中形状进行操作的常用功能命令，如图 3.5.30 所示。

图 3.5.30　"绘图工具格式"工具栏

3. "形状对象"调整和编辑

插入到文档中的形状，可以通过拖动其上的"形状控制点"对其形状进行调整。

在文档中绘制的形状，可以通过编辑其顶点改变其形状。

（1）选择形状对象。

（2）在"绘图工具 格式"功能区内的 编辑形状▾列表中选择 编辑顶点(E)命令，原形状上出现顶点，或右击形状，在弹出的快捷菜单中选择 编辑顶点(E)命令。

（3）拖动顶点即可调整形状的外观。

4．添加文字

在 Word 2010 中，可以向封闭类型的形状内添加文字，方法是：将鼠标指针移到形状对象上，当指针变为双向十字箭头的形状时右击，从弹出的快捷菜单中选择命令。此时形状内出现插入点，向其中输入文字并进行相应的格式排版设置。

（三）绘制、编辑和美化 SmartArt 图形

使用 Word 2010 中的"SmartArt 图形"工具，可以制作出精美的文档。SmartArt 图形主要用于在文档中直观化概念、演示流程、层次结构、循环或者关系等结构。

1．插入 SmartArt 图形

（1）在"插入"功能区中点击 SmartArt 按钮，系统弹出如图 3.5.31 所示的 SmartArt 图形库。

（2）单击选择所需的"SmartArt 图形"预览命令后，在文档中立即出现该样式的 SmartArt 图形，如图 3.5.32a 所示。

（3）逐一单击 SmartArt 图形中的子对象框，再输入说明文本，如图 3.5.32b 所示。

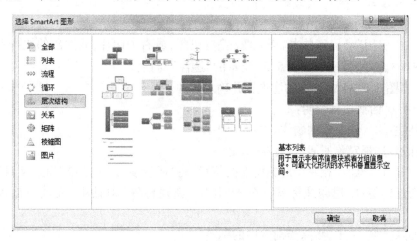

图 3.5.31　SmartArt 图形分类列表

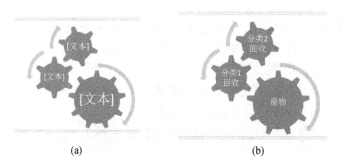

(a)　　　　　　　　　　　(b)

图 3.5.32　插入 SmartArt 图形示例

2. SmartArt 图形工具栏

当选中已插入的 SmartArt 图形时,在功能区中出现"SmartArt 工具"集,如图 3.5.33 所示,其包括"设计"和"格式"两个选项卡,分别包含了对 SmartArt 图形进行设计和格式设置的命令集。

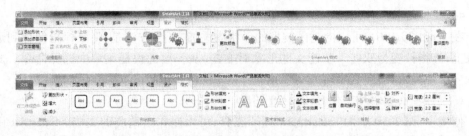

图 3.5.33　SmartArt 工具栏

（四）题注

题注是指添加于文档中的插入的图片、图像、公式、表格及其他对象上的编号及题注说明。其显示格式一般为:标签 + 题注自动编号 + 题注说明。为文档中插入的对象添加题注后,当插入的对象递减、顺序调整时,Word 系统会自动更改其编号,以保证按文档中出现的先后顺序排列、不断号。

1. 插入题注

（1）选中要附加题注的对象。

（2）在"引用"功能区单击"插入题注"按钮，或右击图片,从弹出的快捷菜单中选择 插入题注(N)…命令,弹出如图 3.5.34 所示的"题注"对话框。

（3）在图 3.5.34 中进行题注设置并确定题注。

"题注"对话框项目说明:

① 题注:输入该对象的题注说明。

② 标签:选择对象所属的题注标签名。

③ 位置:选择题注相对于对象所在的位置,在"所选项目上方"或"所选项目下方"。

④ 新建标签:新建题注标签。单击,弹出"新建标签"对话框,在其中输入新标签字符。

⑤ 删除标签:单击,删除当前选中的标签。

⑥ 编号:单击,弹出"题注编号"对话框,在其中可对编号格式进行设置。

2. 交叉引用

当文档中需要引用本文档中的其他某个内容（如题注等）,并希望这些引用会随原内容进行同步更新变化时,可以采用插入交叉引用来完成。

（1）单击要插入引用的位置。

（2）在"插入"功能区中单击"交叉引用"按钮，或单击"引用"功能区的 交叉引用 按钮,弹出如图 3.5.35 所示的"交叉引用"对话框。

（3）选择"引用类型""引用内容"及"引用题注"后单击"插入"按钮即可。

3. 更新交叉引用

当对文档中的题注标签进行了修改或对题注的对象进行了增减、顺序调整等,都需要对整个交叉引用进行更新,方法是:选中全文,右击鼠标,在弹出的快捷菜单中选择"更新域"命令。

图 3.5.34 插入题注示例　　　　　　图 3.5.35 交叉引用示例

(五) 文本框

在 Word 2010 中,使用文本框可以实现文本的局部排列特殊格式化。文本框分为横排文本框和竖排文本框两种。

1. 插入文本框并输入文本

(1) 在"插入"功能区单击"文本框"按钮▲,即弹出如图 3.5.36 所示的"文本框预设样式列表",单击所需文本框样式后,文档中立即出现预设文本框轮廓。也可以单击▲ 绘制文本框(D) 或 ▦ 绘制竖排文本框(V) 按钮,手动绘制文本框轮廓。

(2) 在文本框中输入所需的文本。

图 3.5.36 文本框预设效果列表

2. 文本框的选中与编辑

（1）文本框的选定

将鼠标指针移至文本框的边框上，当指针变为双向十字箭头的形状时单击，即可选中该文本框。文本框被选中时，其四周出现尺寸控制点且文本框内没有插入点出现。

（2）文本框的编辑

单击文本框内部，文本框出现选中效果，其内伴随出现"插入点"光标，则该文本框处于"编辑"状态，可以对其内容进行编辑。

3. 美化文本框

文本框被选中时，功能区出现如图3.5.37所示的"绘图工具 格式"功能集，利用其中的命令可对文本框进行效果设置，以增强文本框的效果。

图3.5.37 "绘图工具格式"工具栏

（1）形状填充

在"形状样式"组中单击 形状填充 ▾ 按钮，在打开的列表（见图3.5.38）中集成了可对文本框设置背景颜色、渐变填充色、指定图片填充和纹理填充等的命令。

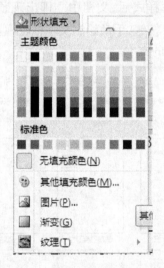

图3.5.38 文本框形状填充功能列表

（2）形状轮廓

在"形状样式"组中单击 形状轮廓 ▾ 按钮，在打开的下拉列表（见图3.5.39）中集成了可对文本框设置轮廓线型、线宽及颜色等的命令。

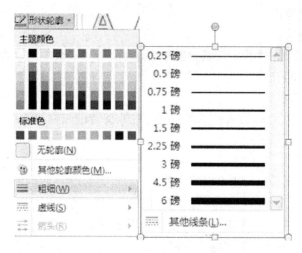

图 3.5.39　文本框形状轮廓功能列表

（3）形状效果

在"形状样式"组中单击 ![]形状效果 ▼ 按钮，在打开的效果列表（见图 3.5.40）中集成了对文本框设置阴影、映像、发光、柔化边缘、棱台和三维旋转等效果的命令。

（4）文本框艺术字样式

利用"绘图工具 格式"功能区的"艺术字样式"组，可以对文本框内文本的外观样式、文本的填充颜色、文本的轮廓和文字效果进行艺术效果设置。单击 文本效果 ▼ 按钮，在打开的效果列表中可以对文本框内的文本设置阴影、映像、发光、棱台、三维旋转及外观形状转换，功能选择列表如图 3.5.41 所示。

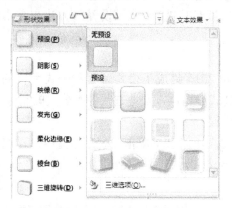

图 3.5.40　文本框形状效果功能列表

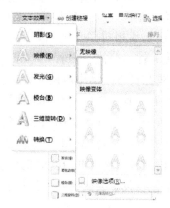

图 3.5.41　艺术字效果选择

（5）链接文本框

通过使用文本框的链接操作，可以对文本框中的内容自动排入至另一文本框内。

链接文本框：

① 在文档中准备好用于链接的同类空文本框对象。

② 选中源文本框对象后单击"绘图工具 格式"功能区"文本"组中的按钮，鼠标指针立即变为直立杯状。

③ 移动鼠标指针到目标空白文本框内，待鼠标指针变为倾斜杯状时单击，即可完成

两个文本框的链接操作。

断开文本框链接：

根据需要，可以单击"绘图工具 格式"功能区"文本"组中的命令，断开当前文本框与前一文本框之间的链接。

（六）使用艺术字

在 Word 2010 中，可以插入带阴影的、扭曲的、旋转的或拉伸的带特效的艺术字，增强文档的表现力。

1. 插入艺术字

（1）将光标移至需插入艺术字的位置。

（2）单击"插入"功能区中的"艺术字"按钮，打开如图 3.5.42 所示的"艺术字样式列表"，单击选择所需的艺术字样式，并在艺术字输入框中输入字符。

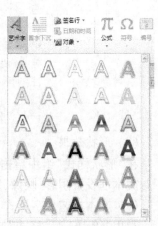

（3）选中艺术字后在功能区中为艺术字改变字体、字号等字符效果。

2. 编辑艺术字

将鼠标指针移至艺术字上并单击，艺术字即呈现编辑状态，其内出现插入点，用户即可修改艺术字字符。

3. 选择艺术字

执行"开始"功能区的命令后，将鼠标指针移到艺术字

图 3.5.42　艺术字样式列表

上并单击，或者在艺术字处于编辑状态时将鼠标指针移到艺术字文本框的边框上，待鼠标指针变为双向十字箭头形状时单击，可选中艺术字。艺术字被选中后，文本框变为实线框，其内无插入点。艺术字对象在选中后可对其进行"效果设置"，方法与文本框效果设置方法基本相同。

（七）输入公式

公式在日常生活中应用非常广泛，Word 2010 集成了公式编写和公式编辑的强大功能，在不需要其他软件的支持下即可使用公式编辑器方便地进行各类公式的制作。

方法一：单击确定要插入公式的目标位置。

方法二：按组合键【Alt + =】，或在"插入"功能区中单击"公式"按钮 π，在当前位置即出现公式编辑框，同时在功能区的右端出现"公式工具 设计"功能集，如图 3.5.43 所示，其中包含设计公式的各种结构和符号。

图 3.5.43　"公式工具　设计"功能集

三、操作步骤

（1）新建一个空白 Word 2010 文档，并保存为"公司宣传展板"。

（2）制作艺术字标题。把光标定位在文档开始位置，然后单击"插入"功能区的"艺术字"按钮，打开如图 3.5.44 所示的"艺术字样式列表"对话框。单击选则第 4 行第 2 列的样式，在艺术字输入框中输入艺术字字符"用心服务 阳光承诺"，选择字体为"华文新魏"，字号为 36，如图 3.5.45 所示。

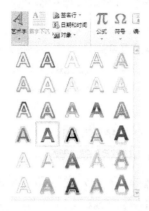

图 3.5.44 艺术字样式列表    图 3.5.45 艺术字输入框

（3）按 Enter 键另起一段，按照图 3.5.46 所示，录入"宣传展板"的正文内容。

（4）选中正文部分，将文字设置为宋体、四号。

（5）将正文部分的段落格式设置为首行缩进两个字符，将第 1 段设置为段前、段后均为 0.5 行的段间距。

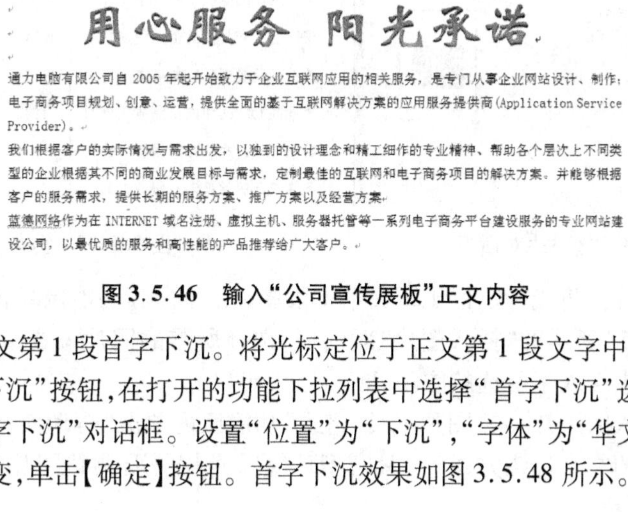

用心服务 阳光承诺

通力电脑有限公司自 2005 年起开始致力于企业互联网应用的相关服务，是专门从事企业网站设计、制作、电子商务项目规划、创意、运营，提供全面的基于互联网解决方案的应用服务提供商（Application Service Provider）。

我们根据客户的实际情况与需求出发，以独到的设计理念和精工细作的专业精神、帮助各个层次上不同类型的企业根据其不同的商业发展目标与需求，定制最佳的互联网和电子商务项目的解决方案，并能够根据客户的服务需求，提供长期的服务方案、推广方案以及经营方案。

蓝德网络作为在 INTERNET 域名注册、虚拟主机、服务器托管等一系列电子商务平台建设服务的专业网站建设公司，以最优质的服务和高性能的产品推荐给广大客户。

图 3.5.46 输入"公司宣传展板"正文内容

（6）设置正文第 1 段首字下沉。将光标定位于正文第 1 段文字中。在"插入"功能区中单击"首字下沉"按钮，在打开的功能下拉列表中选择"首字下沉"选项，打开如图 3.5.47 所示的"首字下沉"对话框。设置"位置"为"下沉"，"字体"为"华文行楷"，"下沉行数"为 3，其余不变，单击【确定】按钮。首字下沉效果如图 3.5.48 所示。

图 3.5.47 "首字下沉"对话框

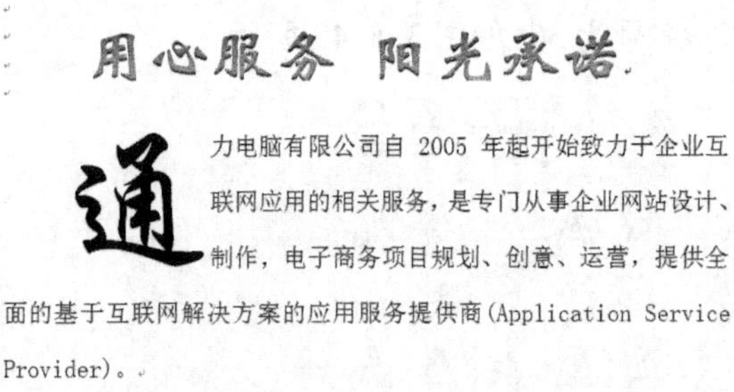

用心服务 阳光承诺

通 力电脑有限公司自 2005 年起开始致力于企业互联网应用的相关服务,是专门从事企业网站设计、制作,电子商务项目规划、创意、运营,提供全面的基于互联网解决方案的应用服务提供商(Application Service Provider)。

图 3.5.48 首字下沉效果

(7) 设置分栏。在正文第 3 段最后按 Enter 键,在最后增加 1 个段落。选中正文第 2 段和第 3 段文本,单击"页面布局"功能区的分栏按钮,选择"更多分栏",即可弹出如图 3.5.49 所示的"分栏"对话框,在"预设"单击"两栏"按钮,或"栏数"设置为"2",即分两栏,勾选"分隔线",单击【确定】按钮,得到分栏的效果如图 3.5.50 所示。

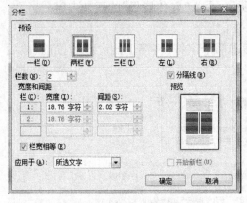

图 3.5.49 "分栏"对话框

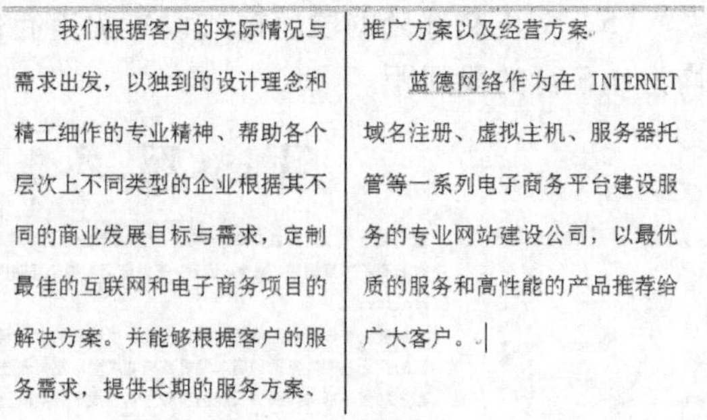

我们根据客户的实际情况与需求出发,以独到的设计理念和精工细作的专业精神、帮助各个层次上不同类型的企业根据其不同的商业发展目标与需求,定制最佳的互联网和电子商务项目的解决方案。并能够根据客户的服务需求,提供长期的服务方案、

推广方案以及经营方案。

蓝德网络作为在 INTERNET 域名注册、虚拟主机、服务器托管等一系列电子商务平台建设服务的专业网站建设公司,以最优质的服务和高性能的产品推荐给广大客户。

图 3.5.50 分栏效果

(8) 插入图片。将光标定位于正文第 1 段中,在"插入"功能区单击"图片"按钮,系统弹出如图 3.5.51 所示的"插入图片"对话框,选择所需的图片位置,单击【确定】按钮,则在正文第 1 段中插入了所选的图片。

(9) 双击插入的图片,在"图片工具 格式"功能区内单击"自动换行"按钮,在打开的列表中选择所需的文字环绕方式为"紧密型环绕",根据需要调整图片的大小和位置,效果如图 3.5.52 所示。

(10) 在正文底部插入两个文本框。将光标定位于正文尾部,在"插入"功能区单击"文本框"按钮,弹出"文本框预设样式列表",单击"简单文本框",文档中即出现预设文本框轮廓。以相同的操作在底部右边再绘制一个文本框,如图 3.5.53 所示。

(11) 将光标定位在右侧文本框内,在"插入"功能区单击"图片"按钮,系统弹出如图 3.5.51 所示的"插入图片"对话框,选择所需的图片位置,单击【确定】按钮。双击插入的图片,在"图片工具 格式"功能区内,在"大小"功能组中单击"大小"右下角的按钮,弹出

"布局"对话框,取消"锁定纵横比"复选框,然后设置图片的大小,如图3.5.54所示。

图 3.5.51 "插入图片"对话框

图 3.5.52 设置图片版式和位置

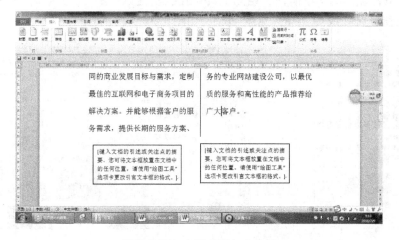

图 3.5.53 文档中插入文本框

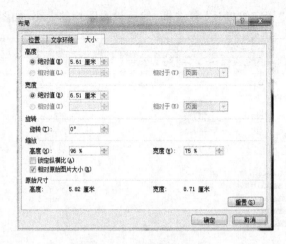

图3.5.54 设置图片的大小

（12）在左侧的文本框中输入如图3.5.55所示的文字，设置文字格式为宋体，颜色为深蓝、文字2、淡色40%，段落首行缩进2个字符，行距为固定值22磅。

> 通力网络秉承客户至上，服务至上的经营理念，以卓越的网络服务品质、专业的技术服务实力、以稳固与发展、求实与创新的精神，尊重人才、注重技术，为推动中国信息产业的共同发展

图3.5.55 在文本框内输入内容

（13）调整文本框，双击右侧文本框的边框，在"绘图工具 格式"功能区中的"形状样式"组中单击"形状轮廓"按钮，在打开的下拉列表中选择"无轮廓"按钮，如图3.5.56所示。

（14）双击左侧的文本框，在"绘图工具 格式"功能区中的"形状样式"组中单击"形状填充"按钮，选择"纹理"中的"水滴"效果，如图3.5.57所示。

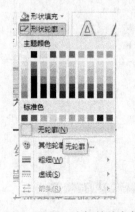

图3.5.56 设置文本框的线条颜色

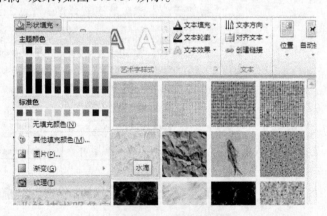

图3.5.57 纹理样式预览

（15）为整个文档填充渐变背景,单击"页面布局"功能区中的"页面背景"组中的"页面颜色"按钮,打开如图 3.5.58 所示"填充效果"对话框,选择颜色为"双色",设置颜色 1 为"白色",颜色 2 为"橙色",单击【确定】按钮。

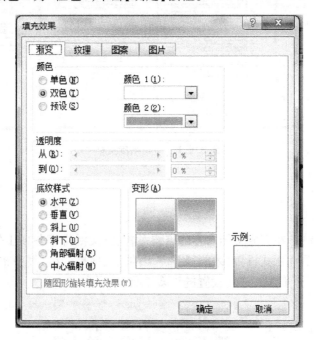

图 3.5.58　"填充效果"对话框

任务六　页面设置与打印——编排通力公司考勤管理条例

一、任务描述

在 Word 文档中,除了可以设置字符和段落格式外,还可以对文档的页面进行设置,使文档整体效果更好。本任务主要介绍页面格式设置,如插入页码、分隔符、页眉和页脚等操作。

通力电脑有限公司制定了详细的考勤制度,需要打印出来下发给每一位员工。文档已完成了基本编辑,现在需对它插入页眉、页脚、页码并进行打印设置,制作完成后的效果如图 3.6.1 所示。

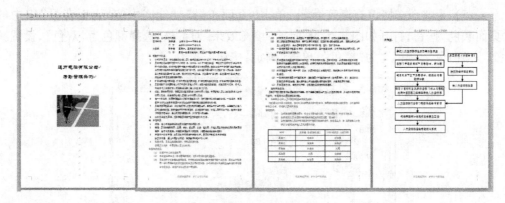

图 3.6.1　考勤制度文档

二、相关知识

在 Word 2010 中,在完成文档内容的格式设置、图文混排等各项工作之后,在将其输出之前,还得进行页面版式设置,才能得到完美的输出效果。在"页面布局"功能区(如图3.6.2)内集成了对页面版式进行设置的许多工具。

图 3.6.2　页面布局工具集

1. 页面设置

页面设置是对版面的综合设置,包括纸张大小、纸张方向、页边距、页眉页脚位置、页面对齐方式等内容。

(1) 纸张大小

纸张大小是指用户将文档输出到纸张时所使用的纸张幅面范围。在"页面布局"功能区单击"纸张大小"按钮 ,用户可在如图 3.6.3 所示的页面纸张预设列表中选择预设的纸张大小。若在列表中选择"其他页面大小"命令,则弹出如图 3.6.4 所示的"页面设置"对话框,用户可在其内进行页面纸张大小控制设置。

(2) 页边距

页边距是指页面版心与页面边缘之间的距离。在纸张一定的情况下,页边距越大,版心越小,可编辑文档区域也就越小。在"页面布局"功能区的"页面设置"组中单击"页边距"按钮 ,用户可在打开的如图 3.6.5a 所示的页边距预设列表中进行选择;若在列表中选择 自定义边距(A)… 命令,则弹出如图 3.6.5b 所示的"页面设置"对话框,用户可在其中进行页边距设置。

图 3.6.3　纸张大小选择　　　　　图 3.6.4　"页面设置"对话框

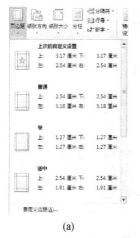

(a)　　　　　　　　　　　　　　　(b)

图 3.6.5　页边距设置

（3）页面版式和文档网格

在"页面设置"对话框的"版式"和"文档网格"选项卡中，可以对文档的对齐方式、文字排列方向、每行字数及页面文字行数等进行设置，如图 3.6.6 所示。

图 3.6.6　页面版式和文档网格设置

2. 插入分隔符

使用分隔符可以改变文档中一个或多个页面的版式或格式。在"页面布局"功能区单击"分隔符"按钮,用户可在打开的分隔符列表中选择所需分隔符,如图3.6.7所示。

删除分节符的方法是:单击或选中需要删除的分隔符后按 Delete 键删除。删除分隔符时,同时删除了该节文本的格式或页面格式。

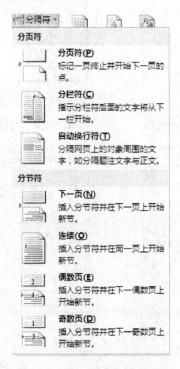

图 3.6.7　分隔符列表

3. 设置页眉页脚

页眉是指位于输出页面顶端的附加说明信息,而页脚则是位于输出页面底端的附加说明信息,其内容可以是页码或任何自定义内容。页眉页脚使页面内容更加完整,版面格式更加丰富。在"插入"功能区单击"页眉"按钮,弹出如图3.6.8所示的页眉页脚内置样式列表。用户从中选择所需样式后,在文档顶部出现页眉编辑区供用户进行页面编辑,同时功能区显示出"页眉和页脚　设计"工具集(见图3.6.9)。页脚设置与页眉设置大致相同。

图 3.6.8　页眉页脚内置样式列表

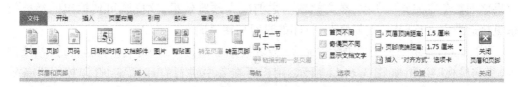

图 3.6.9　页眉页脚工具集

　　当处于页眉页脚编辑状态时,文档正文内容呈灰色显示,用户可根据需要编辑页眉内容。通过单击"页眉页脚工具　设计"功能区中的"转至页脚"按钮或"转至页眉"按钮,可以在页眉和页脚之间进行切换操作。页眉页脚编辑完毕,单击"页眉和页脚工具　设计"功能区的"关闭页眉和页脚"按钮或双击页面空白处,即可退出页眉页脚编辑状态,文档正文内容恢复正常色彩显示,而页眉和页脚内容则成灰色显示。

　　4. 设置页码

　　当文档较长时,为了阅读方便,可利用"页眉页脚"功能插入页码。Word 2010 还提供独立的插入"页码"功能来插入形式多样的页码。

　　在"插入"功能区单击"页码"按钮 ,弹出如图 3.6.10a 所示的页码预设样式列表供用户进行选择。单击选择样式后,文档转入页眉页脚编辑状态,供用户对其进一步进行相关设置。若选择列表中的 [图标] 设置页码格式(F)... 命令,则会弹出如图 3.6.10b 所示的"页码格式"对话框,可在其内设定页码格式、起始页码等信息。

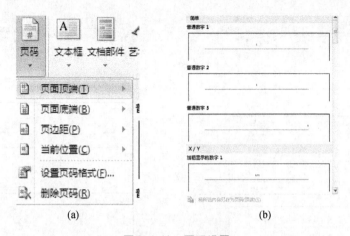

(a)   (b)

图 3.6.10　页码设置

5. 文档打印输出

在 Word 2010 中,文档排版结束后,可根据需要将文档内容输出到其他介质上,方便传阅和存档。虽然 Word 2010 有"所见即所得"功能,但最终打印输出的文档效果与预期效果之间难免有差异。所以,在文档输出之前应先预览效果,这样既可使输出的文档效果更接近需求,也可节省重复修改、打印的时间和耗材成本。

在"文件"菜单列表中单击打印命令,或者按组合键【Ctrl + P】或【Ctrl + F2】,系统进入"打印检视"视图,如图 3.6.11 所示,用户可在其中进行打印预览、打印控制设备等操作。

图 3.6.11　打印预览及打印控制设置

打印参数设置说明:

(1)打印份数:指相同文档当前需要打印的份数。

(2)打印机:如果当前计算机安装有多台打印机,可以单击打印机名称右侧的三角箭头,在打开的列表中选择本次打印所需的打印机。

(3)打印范围:在"设置"栏目下单击"打印范围默认为打印所有页"按钮,

在打开的范围列表中可以选择"打印所有页""打印所选内容""打印当前页""仅打印奇数页""仅打印偶数页"等方式,如图3.6.12a所示;也可以根据需要在"页数"右侧的编辑框内输入需打印页的"页码",如图3.6.12b所示,如2,5,11-14,28表示打印第2页、第5页、第11页至14页、第28页,共7页。

(4)每版打印页数:指在每一个版面上可缩放打印的页数,默认为"1页",可以选择2,4,6,8,16页,页数越多,缩得越小,虽节约了打印介质,但阅读却困难。

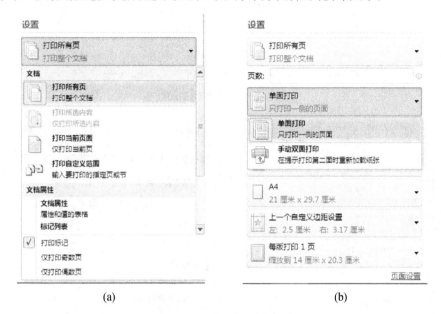

(a)　　　　　　　　　　　　　　　　　　(b)

图3.6.12　打印设置

三、操作步骤

(1)打开本书配套素材"通力电脑有限公司考勤管理条例原文"文档。

(2)插入分页符。分别将光标置于"一、工作时间""流程图"和"请假流程"的左侧,然后在"页面布局"功能区点击"分隔符"按钮,选择"分页符"选项,再删除多余的空行。

(3)在"页面布局"功能区单击"纸张大小"按钮,在列表中选择"其他页面大小"命令,则弹出如图3.6.13所示的"页面设置"对话框,在"页边距"选项卡中分别设置上、下、左、右各为2厘米,纸张方向为"纵向";在"纸张"选项卡中设置为A4。

(4)从第二页开始插入页码。在"插入"功能区单击"页码"按钮,弹出页码预设样式列表,选择"普通数字3"样式,打开"页码格式"对话框,选择页面的编号格式,在"起始页码"后的编辑框中输入数字"0"(见图3.6.14),单击【确定】按钮。

(5)设置页面和页脚。在"插入"功能区单击"页眉"按钮,弹出页眉预设样式列表,选择第一种样式,在页眉中输入文本(见图3.6.15),设置字体为仿宋、小四、居中对齐。同样的方法设置页脚,在页脚区输入对应的文本,设置字体为宋体、小四、居中对齐,如图3.6.16所示。

图 3.6.13　设置页边距和纸张

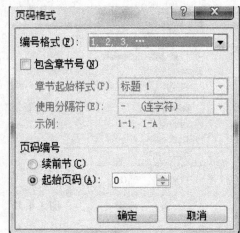

图 3.6.14　页码设置

图 3.6.15　输入页眉

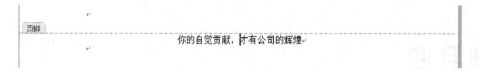

图 3.6.16　输入页脚内容

（6）打印文档。在"文件"菜单列表中单击"打印"命令，在打印"份数"中输入"3"，选择纸张为"A4"，如图 3.6.17 所示。

图 3.6.17　打印设置

项目四

Excel 2010 表格处理软件

任务一 创建员工信息表

工作表的输入和查看、各种类型数据的输入、自动填充功能的使用等内容是 Excel 2010 的基本操作。

一、任务描述

辰龙集团的员工接近 200 人,人事部通过员工信息表记录公司所有员工的个人资料,同时也不断将新员工信息添加到信息表中,以便查看或管理。制作完成的辰龙集团员工信息表如图 4.1.1 所示。

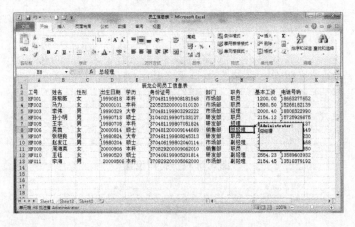

图 4.1.1 员工信息表

二、任务分析

本任务的工作重点是实现各种不同类型数据的输入,并能够实现对工作表的操作和查看。本项任务的步骤如下:

（1）新建工作簿文件，命名为"辰龙集团员工信息表. xlsx"。

（2）在 Sheet1 工作表中输入员工信息（包括文本信息、数值信息、日期信息等）。

（3）为指定单元格添加批注"董事"。

（4）将 Sheet1 工作表标签改为"辰龙集团员工信息表"。

三、必备知识

1. 启动 Excel 2010

方法一：执行"开始|所有程序|Microsoft office|Microsoft Excel 2010"命令启动 Excel。

方法二：双击已有 Excel 文件图标启动 Excel 2010，如图 4.1.2 所示。

图 4.1.2　单击按钮启动 Excel 2010

除了执行命令启动 Excel 2010 外，在 Windows 桌面或文件资料夹视窗中双击 Excel 2010 工作表的名称或图标，同样也可以启动 Excel 2010。

2. Excel 2010 界面介绍

启动 Excel 2010 后，可以看到如图 4.1.3 所示界面。

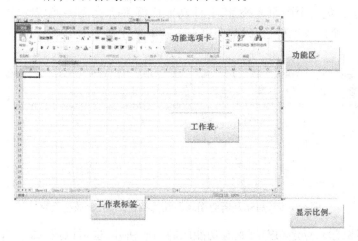

图 4.1.3　Excel 界面介绍

（1）认识功能区

Excel 2010 中所有的功能操作分门别类为 8 大选项卡区域，包括文件、开始、插入、页面布局、公式、数据、审阅和视图。各功能区中收录相关的功能群组,方便使用者切换、选用。例如"开始"选项卡就是基本的操作功能的集合,如字型、对齐方式等的设定,只要切换到功能区即可看到对应包含的内容。

视窗上半部的面板称为选项卡功能区,放置了编辑工作表时需要使用的工具按钮。开启 Excel 时预设会显示"开始"下的工具按钮,当按下其他的选项卡名,便会改变显示该功能区所包含的按钮,如图 4.1.4 所示。

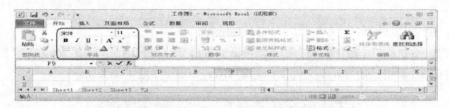

图 4.1.4 "开始"功能区的工具按钮

要进行某一项工作时,先点选功能区上方的选项卡名,再从中选择所需的工具按钮。例如想在工作表中插入 1 张图片,选择"插入|图片",即可选取要插入的图片,如图 4.1.5 所示。

图 4.1.5 "插图"区中与图片、图形有关的功能

另外,为了避免整个画面太凌乱,有些功能区标签会在需要使用时才显示。例如在工作表中插入一个图表物件,此时与图表有关的工具才会显示出来,如图 4.1.6 所示。

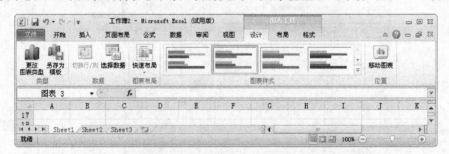

图 4.1.6 美化及调整图表属性的相关工具,都放在图表

除了使用鼠标来点选功能标签及功能区内的按钮外,也可以按 Alt 键,即可显示各页次标签的快速键提示讯息。当按下选项卡标签的快捷键之后,会显示功能区中各功能按钮的快速键,让用户以键盘来进行操作,如图 4.1.7 所示。

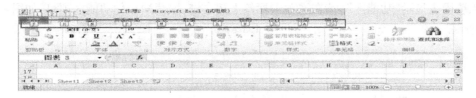

图 4.1.7　快速键提示信息

在功能区中按下右下角按钮,还可以开启专属的"对话框"来做更细致的设定。例如想要美化单元格的设定,可以切换到"开始"选项卡,按下"字体"区右下角的按钮,开启设置单元格格式设定,如图 4.1.8 所示。

图 4.1.8　开启对话框做细致设定

(2)隐藏与显示"功能区":如果觉得功能区占用太大的版面位置,可以将"功能区"隐藏起来,如图 4.1.9 所示。

图 4.1.9　使用按钮展开或隐藏当前工作区

"功能区"隐藏起来后,若要再度使用"功能区",只要将鼠标移到任一个选项卡上按一下即可开启;然而当鼠标移到其他地方再按一下左键时,"功能区"又会自动隐藏了。

如果要固定显示"功能区",请在选项卡标签上按右键,取消最小化功能区项目,如图4.1.10所示。

图4.1.10 取消最小化功能区项目

3. 工作表基本操作

（1）工作表和工作簿

工作簿就是在 Excel 环境中用来存储和处理数据的文件。一个 Excel 工作簿就是一个 Excel 文件。启动 Excel 2010 应用程序,就会自动生成一个名为"book1"的 Excel 工作簿。每一本工作簿默认创建有 3 个工作表,分别是 Sheet1,Sheet2,Sheet3,默认显示 Sheet1 工作表。单击工作表标签可以进行切换。

（2）工作表操作

① 工作表移动和删除

在工作簿中,不仅可以插入工作表（见图4.1.11）,也可以调整工作表在工作簿中的位置,或将不需要的工作表删除等。例如在"员工信息表.xlsx"工作簿文件中,选中"辰龙公司员工信息表"标签并向右拖动,直到移动到想要的位置上。

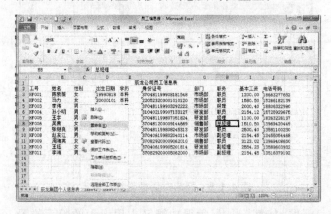

图4.1.11 插入工作表

选中要删除的工作表,在弹出的右键菜单选择"删除"可以直接将工作表删除,工作表删除后不可恢复。或者在"开始"选项卡的单元格组中单击"删除"下拉按钮,在其下拉列表中选择"删除工作表"选项,即可删除所选工作表。

② 工作表的复制

工作表的复制是通过"移动或复制工作表"对话框来实现的。例如在"员工信息表.xlsx"工作簿文件中,要对工作表"辰龙公司员工信息表"进行复制,可以在工作表名上右击,在弹出的快捷菜单中选择"移动和复制"命令,打开"移动或复制工作表"对话框。在此对话框中,在"将选定工作表移至下列选定工作表之前"列表框中选择"移至最后",同时勾选"创建副本"(见图 4.1.12a),单击【确定】按钮即可在工作表最后复制一份图 4.1.12b 所示的副本。

(a)

(b)

图 4.1.12　移动或复制工作表

③ 工作表的保护

为了保护工作表不被其他用户修改,可以为其设置密码加以保护。例如右击"辰龙公司员工信息表"标签,在弹出的快捷菜单中选择"保护密码表"命令,打开"保护工作表"对话框(见图 4.1.13a),在"取消工作表保护时使用密码"文本框中输入密码

"654321"并确认,在弹出的"重新输入密码"文本框中再次输入相同的密码,单击【确定】按钮(见图4.1.13b)。

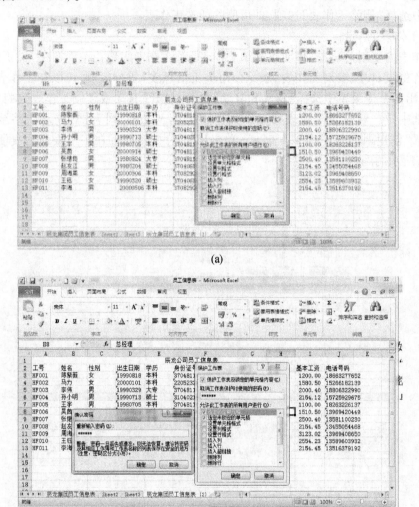

(a)

(b)

图4.1.13 设置密码保护工作表

此后若想修改工作表,需要输入密码"654321",否则不能修改,以此达到保护工作表的目的。若要取消工作表密码保护,可以右击"辰龙公司员工信息表"标签,在弹出的快捷菜单选择"取消保护工作表"命令,打开"取消保护工作表"对话框,输入保护密码,即可取消对工作表的保护。

4. 单元格的基本操作

数据输入是创建Excel 2010单元格的最基本操作,也是进行工作表数据分析和处理的基础。Excel 2010表格常用的数据类型包括文本、数值、日期、时间等。

(1)选中单元格、行或列

选中单元格:单击单元格即可将其选中,选中后的单元格四周会出现黑框,利用方向键可以重新选择当前活动单元格。

选择单元格区域:单击区域左上角单元格,按住鼠标左键拖动到区域右下角单元格,则鼠标经过区域全部被选中;或者按住 Ctrl 键,依次单击选择多个单元格;或者按住 Shift 键,单击起点单元格与终点单元格,则选中连续区域。

选中整行(列):单击工作表行(列)号,在行(列)号区域拖动鼠标指针可以选择多行(列);或者按住 Ctrl 键,依次单击选择多个行(列);或者按住 Shift 键,单击起点行(列)与终点行(列),则选中两点间的连续区域。

选中整张工作表:单击行号和列号交汇处的全选按钮即可选中整张工作表。

(2) 插入单元格、行或列

插入单元格:选中单元格所处的位置并右击,在弹出的快捷菜单中选择"插入"命令,打开"插入"对话框,在此进行设置。

插入行(列):右击某行(列)号,在快捷菜单中选择"插入"命令,则可在该行上方插入一个空行(列),如图 4.1.14 所示。

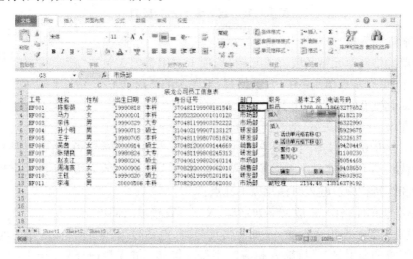

图 4.1.14　插入单元格、行或列

(3) 删除单元格、行或列

删除单元格:选中要删除的单元格或单元格区域,在"开始"选项卡"单元格"组中单击"删除"下拉按钮,在其下拉列表中选择"删除单元格"命令打开"删除"对话框,在此进行删除单元格的选项设置。

删除行(列):选中一行(列)或多行(列),在"开始"选项卡"单元格"组中单击"删除"下拉按钮,在其下拉列表中选择"删除工作表列"命令,在此进行删除行(列)的选项设置,如图 4.1.15 所示。

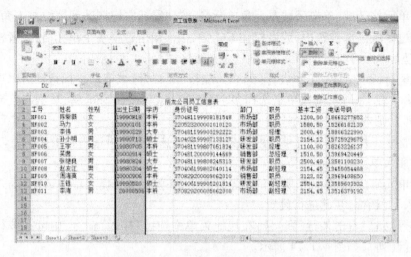

图 4.1.15　删除单元格、行或列

（4）清除单元格

选中单元格或单元格区域，在"开始"选项卡的编辑组中单击"清除"按钮，选择相应的下拉命令，可以实现单元格中内容、格式、批注等的清除。

5. Excel 2010 中各种类型数据的输入

（1）文本（字符或文字）型数据及输入

在 Excel 2010 中，文本可以是字母、汉字、数字、空格和其他字符，也可以是它们的组合。在默认状态下，所有文字型数据在单元格中均左对齐。输入文字时，文字出现在活动单元格和编辑栏中。输入时注意以下几点：

① 在当前单元格中，一般文字如字母、汉字等直接输入即可。

② 如果把数字作为文本输入（如身份证号码、电话号码、= 3 + 5、2/3 等），应先输入一个半角字符的单引号"′"再输入相应的字符。例如，′输入身份证号、′= 3 + 5、′2/3，如图 4.1.16 所示。

图 4.1.16　身份证号作为文本输入

（2）数字（值）型数据及输入

在 Excel 2010 中，数字型数据除了数字 0 ~ 9 外，还包括" +"" – ""、"",""."" /"" $ ""%""E""e"等特殊字符。

数字型数据默认右对齐，数字与非数字的组合均作为文本型数据处理。

输入数字型数据时，应注意以下几点（见图 4.1.17）：

① 输入分数时,应在分数前输入 0(零)及一个空格,如分数 2/3 应输入 0 2/3。如果直接输入 2/3 或 02/3,则系统将把它视作日期,认为是 2 月 3 日。

② 输入负数时,应在正数前输入负号,或将其置于括号中。如 – 8 应输入 " – 8 "或" (8) "。

③ 在数字间可以用千分位号 " , "隔开,如输入 "12,002 "。

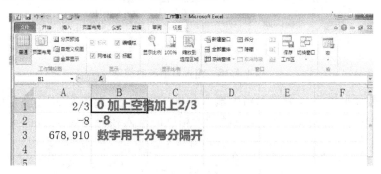

图 4.1.17　输入分数、负数等

④ 单元格中的数字格式决定了 Excel 2010 在工作表中显示数字的方式。如果在 "常规"格式的单元格中输入数字,Excel 2010 将根据具体情况套用不同的数字格式。

⑤ 如果单元格使用默认的 "常规"数字格式,Excel 2010 会将数字显示为整数、小数,或者当数字长度超出单元格宽度时以科学计数法表示。采用 "常规"格式的数字长度为 11 位,其中包括小数点和类似 "E "和" + "这样的字符。如果要输入并显示多于 11 位的数字,可以使用内置的科学记数格式(即指数格式)或自定义的数字格式。

(3) 日期和时间型数据及输入

Excel 2010 将日期和时间视为数字处理。工作表中的时间或日期的显示方式取决于所在单元格中的数字格式。在键入了 Excel 2010 可以识别的日期或时间型数据后,单元格格式显示为某种内置的日期或时间格式。

在默认状态下,日期和时间型数据在单元格中右对齐。如果 Excel 2010 不能识别输入的日期或时间格式,输入的内容将被视作文本,并在单元格中左对齐。

在控制面板的 "区域和时间选项"中的 "日期"选项卡和 "时间"选项卡中的设置,将决定表格中当前日期和时间的默认格式,以及默认的日期和时间符号。输入时注意以下几点:

① 一般情况下,日期分隔符使用 "/ "或" – "。例如,2010/2/16,2010 – 2 – 16,16/Feb/2010 或 16 – Feb – 2010 都表示 2010 年 2 月 16 日。

② 如果只输入月和日,Excel 2010 就取计算机内部时钟的年份作为默认值。

③ 时间分隔符一般使用冒号 " : "。例如,输入 7 : 0 : 1 或 7 : 00 : 01 都表示 7 点 01 秒。

④ 如果要输入当天的日期,则按【Ctrl + ;】。如果要输入当前的时间,则按【Ctrl + Shift + :】。

⑤ 如果在单元格中既输入日期又输入时间,则中间必须用空格隔开,如图 4.1.18 所示。

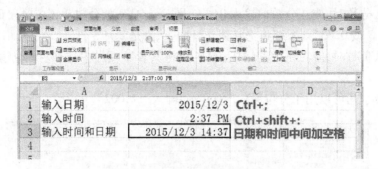

图 4.1.18 输入日期和时间等

（4）如果要同时在多个单元格中输入相同的数据,可先选定相应的单元格,然后输入数据,按【Ctrl + Enter】键,即可向这些单元格同时输入相同的数据,如图 4.1.19 所示。

图 4.1.19 使用序列复制方式填充相同数据

使用 Excel 2010 录入数据时,经常会需要输入一系列具有相同特征的数据,例如周一到周日、一组按一定顺序编号的产品名称等。如果经常用到同样的数据,可以将其添加到填充序列列表中,以方便日后的使用。

在 Excel 中输入数据时,如果希望在一行或一列相邻的单元格中输入相同的或有规律的数据,可首先在第 1 个单元格中输入示例数据,然后上下或左右拖动填充柄（位于选定单元格或单元格区域右下角的小黑方块 ）。Excel 2010 自动填充数据（见图 4.1.20）具体操作如下:

① 在单元格 A2 中输入示例数据 201501,然后将鼠标指针移到单元格右下角的填充柄上,此时鼠标指针变为实心的十字形。

图 4.1.20　使用序列方式填充数值

② 按住鼠标左键拖动单元格右下角的填充柄到目标单元格,释放鼠标左键,结果如图 4.1.20 所示。

执行完填充操作后,会在填充区域的右下角出现一个"自动填充选项"按钮,单击它将打开一个填充选项列表,从中选择不同选项,即可修改默认的自动填充效果。初始数据不同,自动填充选项列表的内容也不尽相同。例如,图 4.1.21a 所示为输入序列数值型数据的效果,图 4.1.21b 为输入月份和星期序列的效果。

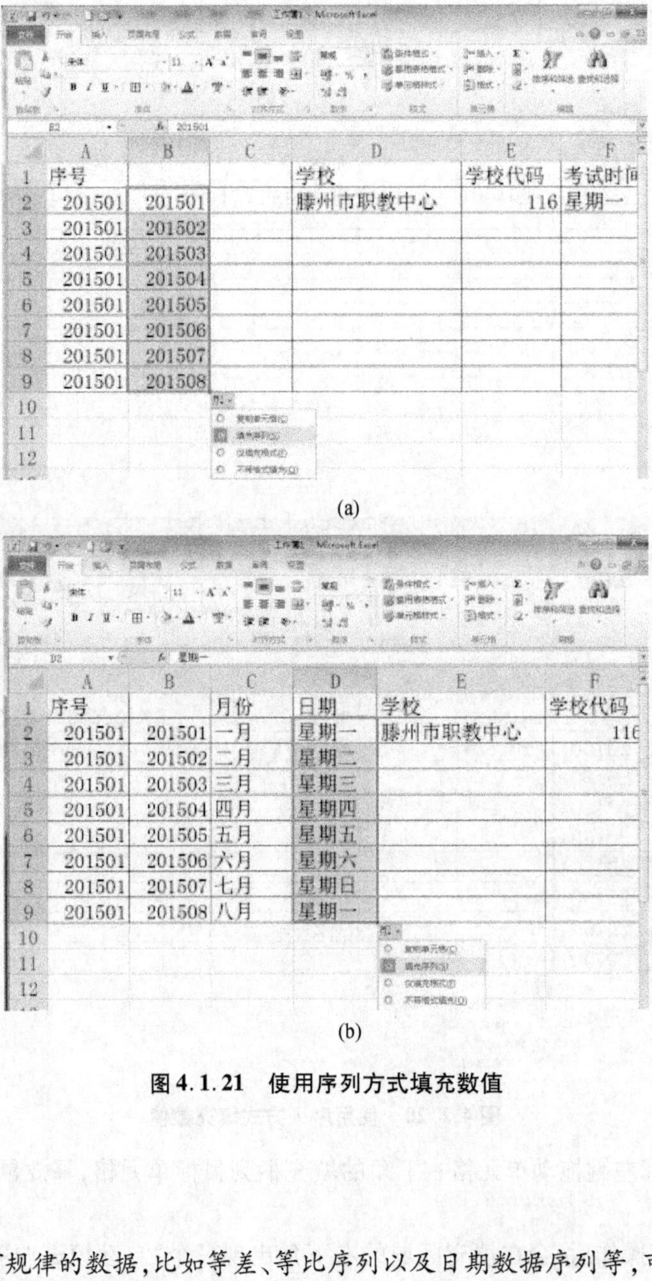

(a)

(b)

图 4.1.21　使用序列方式填充数值

提示

对于一些有规律的数据,比如等差、等比序列以及日期数据序列等,可以利用"序列"对话框进行填充。

方法是:在单元格中 H2 输入初始数据,然后选定要从该单元格开始填充的单元格区域(H2：H10),单击"开始"选项卡"编辑"组中的"填充"按钮,在展开的填充列表中选择"系列"选项,在打开的"序列"对话框中选中所需选项,如"等比序列"单选钮,然后设置"步长值"(相邻数据间延伸的幅度)为5,最后单击【确定】按钮,如图 4.1.22 所示。

Excel 2010 自动填充数据的用处很多,比如一列数据的求和运算,Excel 工作表中一些表格的编号、编码,都可以使用 Excel 的自动填充功能,如图 4.1.22 和图 4.1.23 所示。

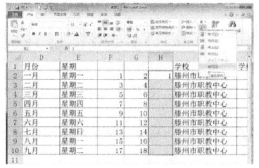

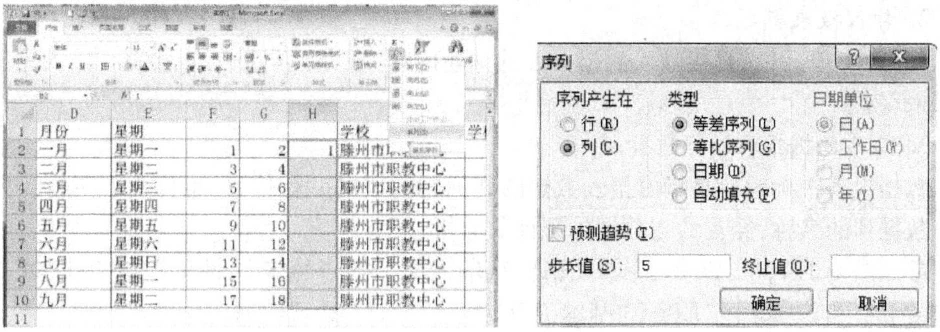

图 4.1.22　对指定区域设置步长值 5

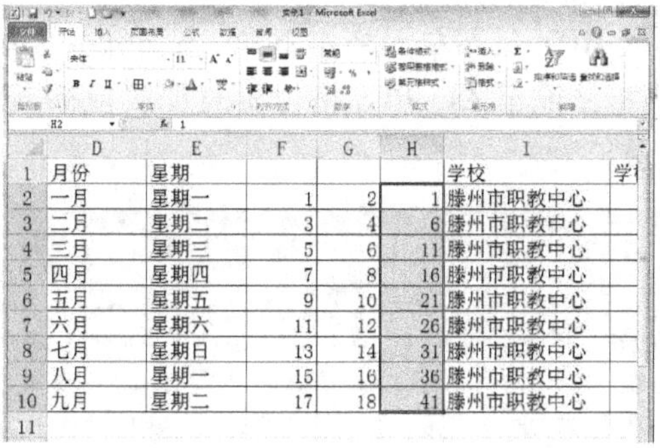

图 4.1.23　步长为 5 的等差序列

四、任务实现

1. 创建新的工作簿文件并保存

启动 Excel 2010 后,系统将新建一个空白工作簿,单击"文件"菜单下"保存"按钮将工作簿保存在桌面上,命名为"员工信息表.xlsx",如图 4.1.24 所示(如果有特殊需要,可以在保存类型中选择 Excel 97 – 2003 文档,这些文件使用兼容模式,在较低版本的 Excel 软件中也可以打开编辑)。

图 4.1.24　新建并保存"员工信息表"工作簿

2. 输入报表标题

单击 A1 单元格,直接输入数据报表的标题内容"辰龙公司员工信息表",输入完毕后按 Enter 键。

3. 输入数据报表的标题行

数据报表中标题行是指由报表数据的列标题构成的一行信息,也称为表头行。列标题是数据列的名称,经常参与数据的统计与分析。

参照图 4.1.1,从 A3 到 J2 单元格依次输入"工号""姓名""性别""出生日期""学历""身份证号""部门""职务""基本工资""电话号码"10 列数据的标题。

4. 输入报表中的各项数据

(1)"工号"列数据的输入

单击 A3 单元格,输入 HF001,在单元格右下角,当指针变成黑十字形状时按住鼠标左键向下拖动填充柄,当指针拖至 A13 单元格位置时释放鼠标,则完成了"工号"列数据的填充,如图 4.1.25 所示。

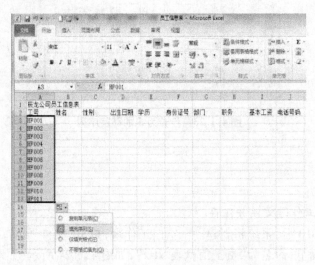

图 4.1.25 "工号"列数据信息输入

(2)姓名列数据的输入

单击 B3 单元格,输入姓名后按 Enter 键继续输入下一个人名,如图 4.1.26 所示。

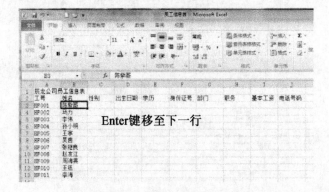

图 4.1.26 "姓名"列数据信息输入

（3）输入"性别列""学历列""部门列""职务列"

选中 C3 单元格,按住 Ctrl 键依次选中如图 4.1.27a 所示的多个单元格。C12 单元格中输入"女",按住【Ctrl + Enter】组合键确认,则所有选择单元格均输入"女",如图 4.1.27b 所示。

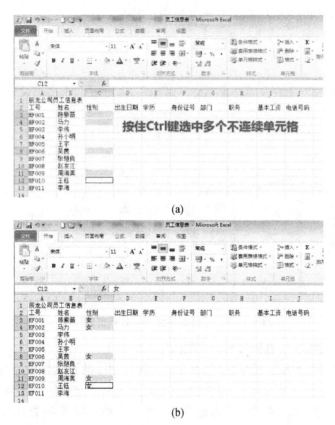

(a)

(b)

图 4.1.27　"性别"列数据信息输入

依照此方法输入"学历列""部门列""职务列",如图 4.1.28 所示。

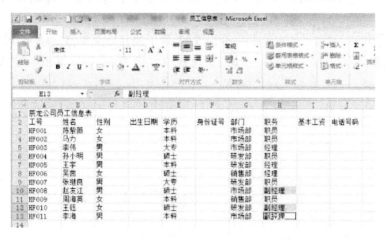

图 4.1.28　不连续单元格列数据信息输入

（4）"出生日期"列数据的输入

日期型数据输入格式一般使用连接符或斜杠分隔年月日，即"年－月－日"或者"年/月/日"。当单元格中输入了系统可识别的日期型数据时，单元格的格式会自动转换成相应的日期格式，并采取右对齐的方式。当系统不能识别单元格内输入的日期型数据时，则输入内容将自动转换为文本，并在单元格中左对齐。

如果需要格式统一，选择如图4.1.29所示短日期，则不论输入何种格式（如1983－04－01）都会自动转换成短日期格式。

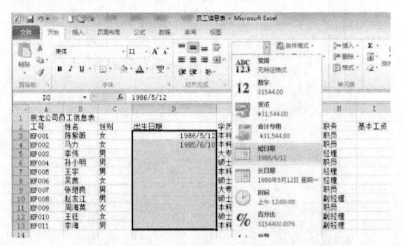

图4.1.29　不连续单元格列数据信息输入

（5）"身份证号"和"电话号码"列数据的输入

身份证号由18个数字符号组成，在Excel 2010中，系统默认数字字符序列为数值型数据，而且超过11位将以科学计数法形式显示。为了使"身份证号"列数据以文本格式输入，采用以英文单引号"'"为前导符，再输入数字字符的方法完成该列数据的输入。

具体操作方法如下：选中F3单元格，先输入英文单引号。再输入对应员工的身份证号码，按Enter键确认即可。依照此方法完成所有员工的身份证号码输入，如图4.1.30所示。

"电话号码列"数据也是由数字字符构成的，为了使其以文本格式输入，可以参照身份证号数据的输入方法进行的，也可以使用"设置单元格格式"对话框来实现，如图4.1.30所示。

图 4.1.30　"身份证号"类型长数字输入

选中需要输入电话号码数据的 J3：J13 单元格区域,右击打开"设置单元格格式"对话框,在数字选项卡中选择文本选项,单击【确定】按钮,即所选单元格格式均为文本型,依次在 J3：J13 单元格区域输入电话号码,如图 4.1.31 所示。

图 4.1.31　"电话号码"列长数字输入

（6）"基本工资"列数据的输入

"基本工资"列数据以数值型格式输入。选中 I3：I13 单元格区域，单击"开始"选项卡数字组的数字格式下的下拉按钮，在其下拉列表中选择"数字"选项，如图 4.1.32 所示。

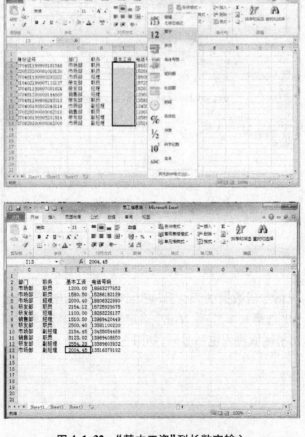

图 4.1.32　"基本工资"列长数字输入

从 I3 单元格开始依次输入员工的基本工资数据,系统默认在小数点后设置两位小数,可以通过单击"开始"选项卡的"数字"中的"增加小数位数"或"减少小数位数"增加或减少小数位数。

5. 插入批注

在单元格中插入批注,可以对单元格中数据进行简要说明。

选中需要加批注的单元格 H5,在"审阅"选项卡的批注组中单击"新建批注"按钮。此时在所选单元格右侧出现了批注框,并以箭头的形状与所选单元格连接。批注框中显示了审阅者信息,在其中输入批注内容"总经理",单击其他单元格确认完成操作,如图4.1.33 所示。

图 4.1.33　对指定单元格添加批注

6. 修改工作表标签

右击工作表 Sheet1 标签,在弹出的快捷菜单中选择"重命名"命令,输入工作表的新名称"辰龙集团个人信息表",按 Enter 键即可,修改后的效果如图 4.1.34 所示。

图 4.1.34　修改后的工作表标签

至此,辰龙集团个人信息表创建完成。

任务二　美化员工信息表

通过对 Excel 2010 工作表进行个性化设置,能够使 Excel 2010 数据报表更美观、更专业、更具表现力。设置个性化的工作表包括设置单元格格式,套用单元格样式,套用表格样式,使用条件格式、设置页眉页脚等操作。

一、任务描述

为了使上一个工作任务中创建的辰龙公司员工信息表能更清晰、有效、美观地表现数据,公司人事部小张对此表进行了一番修饰与美化,效果如图 4.2.1 所示。

辰龙公司员工信息表

2016年5月统计

工号	姓名	性别	出生日期	学历	身份证号	部门	职务	基本工资	电话号码
HF001	陈紫薇	女	19990818	本科	370481199908181548	市场部	职员	1200.00	18663277652
HF002	马力	女	20000101	本科	220523200001010120	市场部	职员	1580.50	15266182139
HF003	李伟	男	19990329	大专	370481199903292222	市场部	经理	2000.40	18806322990
HF004	孙小明	男	19990713	**硕士**	310402199907133127	研发部	职员	2154.12	15725929675
HF005	王宇	男	19980705	本科	370481199807051824	研发部	经理	1100.00	18263226137
HF006	吴茜	女	20000914	**硕士**	370481200009144669	销售部	总经理	1510.50	13969420449
HF007	张继良	男	19980824	大专	370481199808245313	研发部	职员	2500.40	13581100230
HF008	赵友江	男	19980204	**硕士**	370406199802040114	市场部	副经理	2154.45	13455054468
HF009	周海英	女	20000906	本科	370829200009062010	销售部	职员	3123.02	13969408650
HF010	王钰	女	19990520	**硕士**	370406199905201814	研发部	副经理	2554.23	13589603932
HF011	李海	男	20000506	本科	370829200005062000	市场部	副经理	2154.45	13516379192

图 4.2.1　美化后的辰龙公司员工信息表

二、任务分析

本任务要进行单元格格式设置(包括字体设置、单元格边框设置、单元格底纹设置、调整行高和列宽等)、使用条件格式、添加页眉和页脚、插入文本框等操作。

具体操作步骤:

(1) 打开工作簿文件;

(2) 设置报表标题格式;

(3) 编辑报表中数据的格式,以便更直接地查看和分析数据;

(4) 添加分隔线,将表标题和数据主题内容分开,增加报表的层次感;

(5) 添加页眉和页脚。

三、必备知识

1．单元格格式设置

单元格格式设置在"单元格格式设置"对话框中完成。在"开始"选项卡中单击"字体"组的组按钮即可打开"设置单元格格式"对话框,该对话框包含以下 6 个选项卡。

"数字"选项卡:可设置单元格中数据的类型。

"对齐"选项卡:可以对选中单元格或单元格区域中的文本和数字进行定位、更改方向并指定文本控制功能。

"字体"选项卡:可以设置选中单元格或单元格区域中文字的字符格式,包括字体、字号、字形、下划线、颜色、特殊效果等。

"边框"选项卡:可以为选定单元格或单元格区域添加边框,还可以设置边框的线条样式、线条粗细和线条颜色。

"填充"选项卡:为选定的单元格或单元格区域设置背景,其中使用"图案颜色"和"图案样式"选项可以对单元格背景应用双色图案或底纹,使用"填充效果"选项可以对单元格的背景应用渐变色填充。

"保护"选项卡:用来保护工作表数据和公式的设置。

2．页面设置

（1）设置纸张的方向

在"页面布局"选项卡的"页面设置"组中单击"纸张方向"下拉按钮,可以设置纸张方向。

（2）设置纸张大小

在"页面布局"选项卡的"页面设置"组中单击"纸张方向"下拉按钮,可以设置纸张大小。

（3）调整页边距

在"页面布局"选项卡的"页面设置"组中单击"页边距"下拉按钮,在其下拉列表中有 3 个内置页边距可供选择,也可以选择"自定义页边距"命令,打开设置对话框,在其"页边距"选项卡中自定义页边距,如图4.2.2所示。

3．打印设置

（1）设置打印区域和取消打印区域

在工作表上选择需要打印的单元格区域的方法如下:单击"页面布局"选

图 4.2.2　"页边距"选项卡

项卡的"页面设置"组中的"打印区域"下拉按钮,在其下拉列表中选择"设置打印区域"命令即可设置打印区域。要取消打印区域,选择"取消打印区域"即可。

（2）设置打印标题

要打印的表格占多页时，通常只有第 1 页能打印出表格的标题，这样不利于表格数据的查看，通过设置打印标题，可以使打印的每一页表格都在顶端显示相同的标题。

在"页面布局"选项卡的"页面设置"组中单击"打印标题"按钮，打开"页面设置"对话框，默认打开"工作表"选项卡，在"打印标题"选项组的"顶端标题行"文本框中设置表格标题的单元格区域（本工作任务的表格标题区域为 $1：$1），此时还可以在"打印区域"文本框中设置打印区域，如图 4.2.3 所示。

图 4.2.3 "工作表"选项卡

4. 使用条件格式

使用条件格式（如数据条、包阶和图标集）可以直观地查看和分析数据，如突出显示所关注的单元格或单元格区域，强调异常值等。

条件格式的原理是基于基本条件更改单元格区域的外观。如果条件为 true，则对满足条件的单元格区域进行格式设置；如果条件为 false，则对不满足条件的单元格区域进行格式设置。

（1）使用双色刻度设置所有单元格的格式

双色刻度使用两种颜色的深浅程度来比较某个区域的单元格，颜色的深浅表示值的高低。例如，在绿色和红色的双色刻度中，可以指定较高值单元格的颜色更绿，而较低值单元格的颜色更红。

快速格式化：选中单元格区域，在"开始"选项卡的"样式"组中单击"条件格式"下拉按钮，在其下拉列表中选择"色阶"命令，选择所需的双色刻度即可。

高级格式化：选中单元格区域，在"开始"选项卡中的"样式"组中单击"条件格式"下拉按钮，在其下拉列表中选择"管理规则"命令，打开"条件格式规则管理器"对话框，如图 4.2.4a 所示。

若要添加条件格式，可以单击"新建规则"按钮打开"新建格式规则"对话框，如图 4.2.4b 所示。若要更改条件格式，可以先选择规则，单击【确定】按钮返回上级对话框，然后单击"编辑规则"按钮,将显示"编辑格式规则"对话框(与"新建格式规则"对话框类似),在该对话框中进行相应的设置即可。

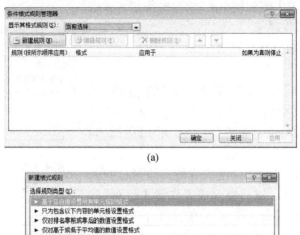

(a)

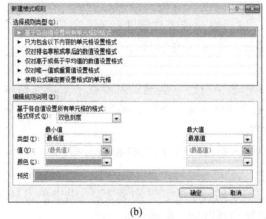

(b)

图 4.2.4　"条件格式规则管理器"对话框

在"新建格式规则"对话框的"选择规则类型"列表框中选择"基于各自值设置所有单元格的格式"选项,在"编辑规则说明"选项组中设置"格式样式"为"双色刻度"。选择"最小值"和"最大值"栏的类型,可执行下列操作之一:

① 设置最低值和最高值的格式:选择"最低值"和"最高值"选项,此时不输入具体的最小值和最大值的数值。

② 设置数字、日期或时间的格式:选择"数字"选项,然后输入具体的最小值和最大值。

③ 设置百分比的格式:选择"百分比"选项,然后输入具体的最小值和最大值。

④ 设置百分点值的格式:选择"百分点值"选项,然后输入具体的最小值和最大值。

百分点值可应用于以下情形:要用一种颜色深浅度比例直观显示一组上限值(如前20 个百分点值),用另一种颜色的深浅度比例直观显示一组下限值(如后 20 个百分点值),因为这两种比例所表示的极值有可能会使数据的显示失真。

⑤ 设置公式结果的格式:选择"公式"选项,然后输入具体的最小值和最大值。

(2)用三色刻度设置所有单元格的格式

三色刻度使用三种颜色的深浅程度来比较某个区域的单元格。颜色的深浅表示值的高、中、低。例如,在绿色、黄色和红色的三色刻度中,可以指定较高值单元格的颜色为绿色,中间值单元格的颜色为黄色,而较低值单元格的颜色为红色。

（3）数据条可查看某个单元格相对于其他单元格的值

数据条的长度代表单元格中的值，数据条越长代表值越大，数据条越短代表值越小。在观察大量数据的较大值和较小值时，数据条尤其有用。

5. 自动备份工作簿

（1）启动 Excel 2010，打开需要备份的工作簿文件。

（2）单击"文件"按钮，，在其下拉菜单中选择"另存为"命令，打开"另存为"对话框，单击左下角"工具"下拉按钮，在其下拉列表中选择"常规选项"对话框，如图 4.2.5 所示。

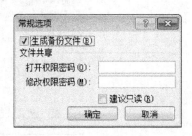

图 4.2.5 工具下拉列表中的"常规选项"对话框

（3）在该对话框中，选中"生成备份文件"复选框，单击【确定】按钮返回。以后修改该工作簿再保存，系统就会自动生成一份备份工作簿，且能直接打开使用。

6. 单元格内换行

使用 Excel 2010 制作表格时经常会遇到需要在一个单元格输入一行或几行文字的情况，但是输入一行后按下 Enter 键就会移动到下一行单元格，而不是换行。要实现单元格内换行，有以下两种方法：

（1）在选定单元格输入第一行内容后，在换行处按【Alt + Enter】组合键即可输入第二行内容。

（2）选定单元格，在"开始"选项卡的"对齐方式"组中单击自动换行按钮，则此单元格中文本内容超出单元格内容时会自动换行。

四、任务实现

1. 打开工作簿文件

启动 Excel2010，单击"文件"按钮，在下拉菜单中选择"打开"命令，在"打开"对话框中指定"辰龙集团员工信息表.xlsx"文件，单击【确定】按钮打开该文件簿文件。

2. 设置报表标题格式

（1）设置标题行的行高

选中标题行，在"开始"选项卡的"单元格"组中单击"格式"下拉按钮，在其下拉列表的"单元格大小"选项组中选择"行高"命令打开"行高"对话框，设置行高为 40，如图 4.2.6 所示。

（2）设置标题文字的字符格式

选中 A1 单元格，在"开始"选项卡的"字体"组中设置字体格式为隶书、24 磅、加粗、蓝色。

（3）合并单元格

选中 A1:J1 单元格区域，在"开始"选项卡的"对齐方式"组中单击"合并后居中"按钮合并单元格区域，使标题文字在新单元格中居中对齐。

图 4.2.6　设置单元格行高为指定值

（4）设置标题对齐方式

选中合并后的新单元格 A1，在"对齐方式"组中单击"顶端对齐"按钮，使报表标题在单元格中水平居中，顶端对齐，如图 4.2.7 所示。

图 4.2.7　设置第一行标题样式

3．编辑报表中的数据的格式

（1）设置报表列标题（表头行）的格式

选中 A2：J2 单元格区域，在"开始"选项卡的"单元格"组中单击"格式"下拉按钮，在其下拉列表的"保护"选项组中选择"设置单元格格式"命令，打开"设置单元格格式"对话框。在对话框中切换到"字体"选项卡，设置字体为华文行楷，字号 12 磅，如图 4.2.8 所示；切换到"对齐"选项卡，设置文本对齐方式为"水平对齐：居中；垂直对齐：居中"，单击【确定】按钮。

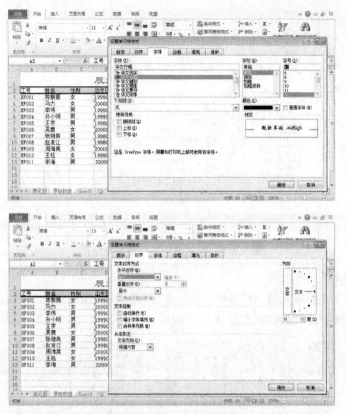

图 4.2.8　设置行标题格式

（2）为列标题套用单元格样式

为了突出列标题，可以设置与报表其他数据不同的显示格式。此处将为列标题套用系统内置的单元格样式，具体操作如下：

选中 A2: J2 单元格区域（列标题区域），在"开始"选项卡的"样式"组中单击"单元格样式"下拉按钮，打开 Excel 2010 内置的单元格样式库，此时套用"强调文字颜色1"样式，如图 4.2.9 所示。

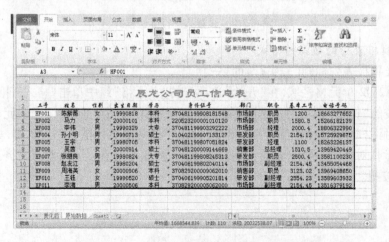

图 4.2.9　使用单元格样式库设置标题样式

（3）设置报表其他数据的格式

选中 A3：J13 单元格区域，在"开始"选项卡的"单元格"组中单击"格式"下拉按钮，在其下拉列表中选择设置"单元格格式"命令，打开"设置单元格格式"对话框，设置字符格式为楷体、12 磅，文本对齐方式为"水平对齐：居中；垂直对齐：居中"。

（4）为报表其他数据行套用表格样式

在"开始"选项卡的"样式"组中单击"套用表格样式"下拉按钮，打开 Excel 2010 内置的表格样式库，此处套用"表样式浅色 16"，如图 4.2.10 所示。

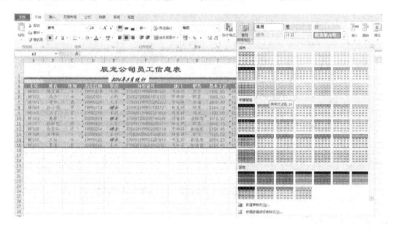

图 4.2.10　使用表格样式库设置单元格其他样式

提示

选择要套用的表格样式后，弹出"套用表格样式"对话框。单击"表数据的来源"文本框右侧按钮以隐藏对话框，然后在工作表中选择需要应用表格样式的区域（A3：J13），再单击按钮返回对话框，同时选中"表包含标题"复选框，表示将所选区域的第一行作为表标题，单击【确定】按钮，如图 4.2.11 所示。

图 4.2.11　选择数据表来源

在如图 4.2.12 所示效果图中表格列标题右侧都增加了筛选按钮,若要隐藏这些筛选按钮,可以进行如下操作:选中套用了表格格式的单元格区域(或其中某一个单元格),在功能区上将出现的"表格工具"上下文选项卡,在选项卡的工具组中单击"转换为区域"按钮,则可以将表格区域转换为普通单元格区域,同时删除了列标题右侧的筛选按钮。

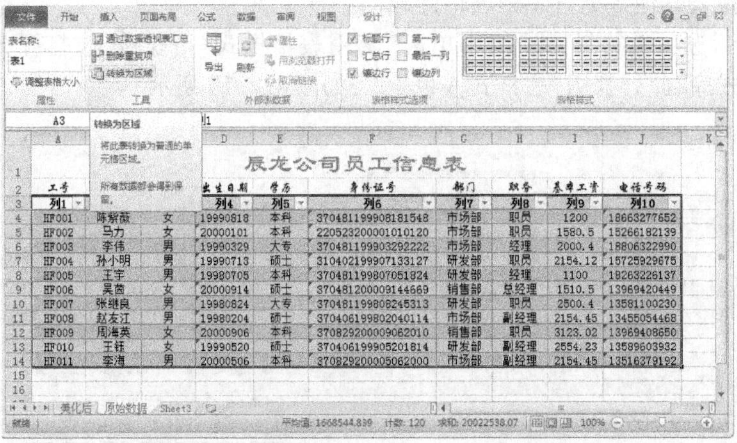

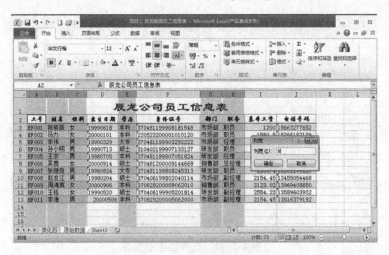

图 4.2.12 "转换为区域"方法取消筛选按钮

(5) 调整报表的行高

选中 2～13 行并右击,在弹出的快捷菜单中选择"行高"命令,打开"行高"对话框设置行高为 18。

(6) 调整报表的列宽

选中 A:J 列区域,在"开始"选项卡的"单元格"组中单击"格式"下拉按钮,在其下拉列表中选择"自动调整列宽"命令,由计算机根据单元格中字符的多少自动调整列宽。

也可以自行设置数据列的列宽。例如:设置"姓名""性别""学历""部门""职务"列的列宽一致,操作步骤如下:按住 Ctrl 键的同时,依次选中以上列并右击,在弹出的快捷菜单中选择列宽命令,打开列宽对话框,设置列宽为 8,单击【确定】即可,如图 4.2.13 所示。

图 4.2.13 调整报表列宽

4．使用条件格式表现数据

（1）利用"突出显示单元格规则"设置"学历"列

选中 E3：E13 单元格区域，在"开始"选项卡的样式组单击"条件格式"下拉按钮，在其下拉列表中选择"突出显示单元格规则|等于"命令，弹出"等于"对话框，如图 4.2.14 所示。

在该对话框的"为等于以下值的单元格设置格式"文本框中输入"硕士"，在设置为下拉列表的框中选择所需要的格式，如果没有满意的格式，则选择"自定义格式"命令，打开"设置单元格格式"对话框，设置字符格式为深红、加粗倾斜。

至此，"学历"数据列中"硕士"单元格均被明显标记出来，如图 4.2.14 所示。

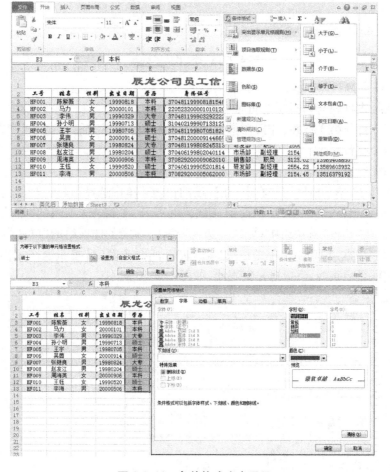

图 4.2.14　条件格式突出显示

（2）利用"数据条"设置"基本工资"列

选中 I3：I13 单元格区域，在"开始"选项卡的"样式"组中单击"条件格式"下拉按钮，在其下拉列表中选择"数据条"命令，在其子列表的"实心填充"组中选择"紫色数据条"选项。此时"基本工资"列中的数据值的大小可以用数据列的长短清晰地反映出来，"基本工资"越高，数据条越长，如图 4.2.15 所示。

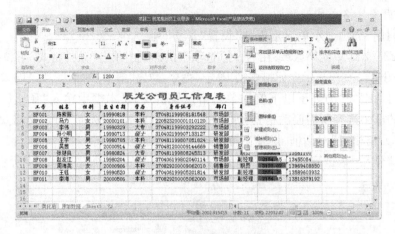

图 4.2.15　数据条子列表

5. 制作"分隔线"

（1）在报表标题与列标题之间插入两个空行

选择第 2 行与第 3 行并右击，在弹出的快捷菜单中选择"插入"命令，则在第 2 行上面插入了两个空行。

（2）添加边框

选中 A2：J2 单元格区域并右击，在弹出的快捷菜单中选择"设置单元格格式"命令，打开"设置单元格格式"对话框，切换到"边框"选项卡，在线条选项组的"样式"列表框中选择粗直线，在"边框"选项组中单击"上边框"按钮；在线条选项组的"样式"列表框中选择粗直线，在"边框"选项组中单击"下边框"按钮，单击【确定】按钮返回工作表，则被选中区域上边框是粗直线，下边框是细直线，如图 4.2.16 所示。

图 4.2.16　设置边框选项卡

（3）设置底纹

选中 A2：J2 单元格区域，打开如图 4.2.17 所示的"设置单元格格式"对话框，切换到"填充"选项卡，在"背景色"选项组中选择需要的底纹颜色，按【确定】按钮。

图 4.2.17 设置底纹选项卡

（4）调整行高

第 2 行设置行高为 3，第 3 行设置行高为 12，如图 4.2.18 所示。

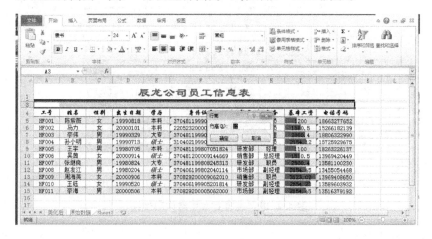

图 4.2.18 设置行高

6. 插入文本框

插入文本框的具体方法：在"插入"选项卡的"文本"组中单击"文本框"下拉按钮，在其下拉列表中选择"横排文本框"的命令，然后在工作区中拖动鼠标指针画出一个文本框，并输入文字"2016 年 5 月统计"。

设置文本框字符格式：选中文本框，在"开始"选项卡的"字体"组设置文本框的字符格式为华文行楷、16 磅、斜体。

取消文本框边框：选中文本框，在功能区中出现"绘图文本"上下文选项卡，其下只含一个"格式"选项卡。在"格式"选项卡的"形状样式"组中单击"形状轮廓"下拉按钮，在其下拉列表中选中"无轮廓"复选框，即可取消文本框的边框。效果如图 4.2.19 所示。

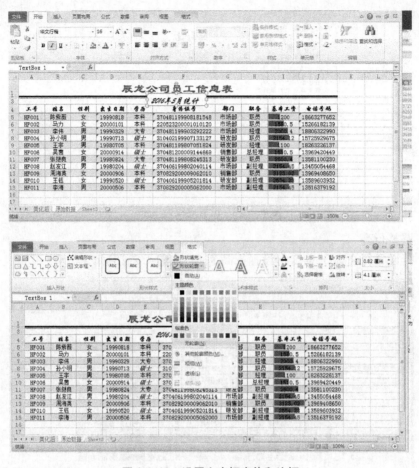

图4.2.19　设置文本框字体和边框

7. 添加页眉和页脚

(1) 添加页眉

在"插入"选项卡的"文本"组中单击"页眉和页脚"按钮,功能区中将出现"页眉和页脚工具"上下文选项卡,并进入页眉页脚视图。单击页眉左侧,在编辑区中输入"第[页码]页,共[总页码]页",其中"页码"和"总页码"是通过单击"页眉和页脚元素"组中的"页码"按钮和"页数"按钮插入的;单击页眉右侧,在编辑区中输入"2016 年 5 月统计",如图4.2.20所示。

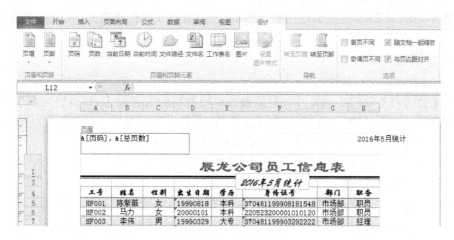

图 4.2.20　设置页眉

（2）添加页脚

与插入页眉的方法相同，在"设计"选项卡的导航组中单击"转至页脚"按钮，即可进行页脚的添加。

在页脚的中间编辑区输入"更新时间：［日期］［时间］"，其中［日期］和［时间］是通过单击"页眉和页脚元素"组中的"当前日期"按钮和"当前时间"按钮插入的，如图4.2.21 所示。

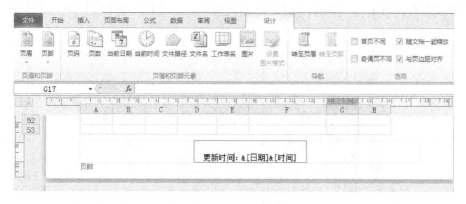

图 4.2.21　设置页脚

（3）退出页眉和页脚视图

在视图选项卡的工作簿视图组中单击"普通"按钮，即可从页眉页脚视图切换到普通视图。

任务三　制作工资管理报表

Excel 2010 电子表格最具特色功能是数据计算和统计，这些功能是通过公式和函数来实现的。Excel 2010 允许实时更新数据,以帮助用户分析和处理工作表中的数据。

一、任务描述

辰龙公司财务处的小张每月负责审查各部门考勤表及考勤卡,根据公司制度审查员工的加班工时或出差费用,计算、编制员工工资表,并对工资表进行相应的数据统计。

对于公司 2016 年 1 月份的工资管理报表,具体编制要求如下:

(1) 2016 年 1 月的工作日总计 25 天,全勤员工才有全勤奖。

(2) 奖金级别:经理 200 元/天,副经理 150 元/天,职员 100 元/天。

(3) 应发工资 = 基本工资 + 奖金/天 × 出勤天数 + 全勤奖 + 差旅补助。

(4) 个人所得税起征点为 2000 元,应发工资扣去起征点部分为需缴税部分。本例中最高工资为 8700 元,即需缴税部分为 6700 元,涉及的规则如下:

① 需缴税部分不超过 500 元的:缴税部分 ×5%。

② 需缴税部分超过 500 元不足 2000 元的:缴税部分 ×10% -25。

③ 需缴税部分超过 2000 元不足 5000 元的:缴税部分 ×15% -125。

④ 需缴税部分超过 5000 元不足 20000 元的:缴税部分 ×20% -375。

(5) 实发工资 = 应发工资 - 个人所得税。

(6) 统计工资排序情况,超出平均工资的人数、最高工资和最低工资。原始的员工工资管理报表如图 4.3.1 所示,小张最终完成的员工工资管理报表如图 4.3.2 所示。

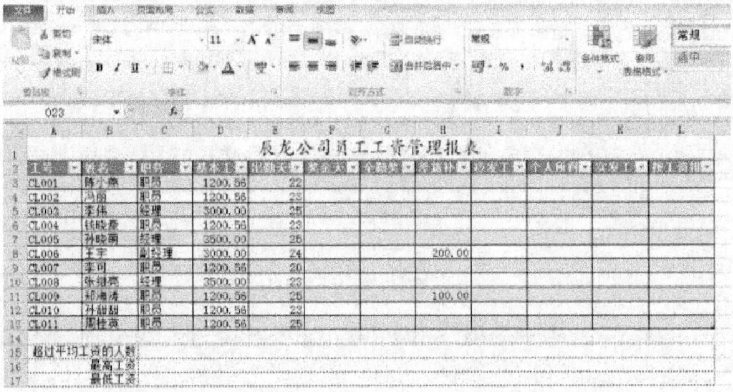

辰龙公司员工工资管理报表

工号	姓名	职务	基本工	出勤天	奖金天	全勤奖	差旅补	应发工	个人所得	实发工	按工资排
CL001	陈小燕	职员	1200.56	22							
CL002	冯丽	职员	1200.56	23							
CL003	李伟	经理	3000.00	25							
CL004	钱晓秦	职员	1200.56	23							
CL005	孙晓丽	经理	3500.00	25							
CL006	王宇	副经理	3000.00	24			200.00				
CL007	李可	职员	1200.56	20							
CL008	张继亮	经理	3500.00	23							
CL009	郑海涛	职员	1200.56	25			100.00				
CL010	孙甜甜	职员	1200.56	23							
CL011	周桂英	职员	1200.56	25							

超过平均工资的人数	
最高工资	
最低工资	

图 4.3.1　辰龙公司员工工资管理报表(原始数据)

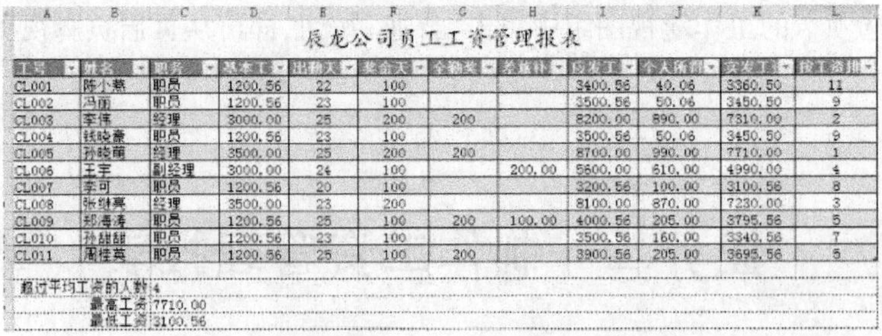

辰龙公司员工工资管理报表

工号	姓名	职务	基本工	出勤天	奖金天	全勤奖	差旅补	应发工	个人所得	实发工	按工资排
CL001	陈小燕	职员	1200.56	22	100			3400.56	40.06	3360.50	11
CL002	冯丽	职员	1200.56	23	100			3500.56	50.06	3450.50	9
CL003	李伟	经理	3000.00	25	200	200		8200.00	890.00	7310.00	2
CL004	钱晓秦	职员	1200.56	23	100			3500.56	50.06	3450.50	9
CL005	孙晓丽	经理	3500.00	25	200	200		8700.00	990.00	7710.00	1
CL006	王宇	副经理	3000.00	24	100		200.00	5600.00	610.00	4990.00	4
CL007	李可	职员	1200.56	20	100			3200.56	100.00	3100.56	8
CL008	张继亮	经理	3500.00	23	200			8100.00	870.00	7230.00	3
CL009	郑海涛	职员	1200.56	25	100	200	100.00	4000.56	205.00	3795.56	5
CL010	孙甜甜	职员	1200.56	23	100			3500.56	160.00	3340.56	7
CL011	周桂英	职员	1200.56	25	100	200		3900.56	205.00	3695.56	5

超过平均工资的人数	4
最高工资	7710.00
最低工资	3100.56

图 4.3.2　辰龙公司员工工资管理报表(结果样文)

二、任务分析

在 Excel 2010 中计算、编制员工工资报表的根本方法是正确、合理使用公式和函数。因此,完成本工作任务需要:

(1) 根据员工职务级别,确定奖金数目。

(2) 计算员工的应发工资。

(3) 按规定计算员工的个人所得税。

(4) 计算员工的实发工资,并对实发工资进行排位。

(5) 统计超过平均工资的人数、最高人数、最低工资。

操作过程中,公式的创建、函数的使用、单元格的引用方法是关键。

三、必备知识

1. 单元格地址、名称和引用

(1) 单元格地址

工作簿中的基本元素是单元格,单元格中包含文字、数字或公式。单元格在工作簿中的位置用地址标识,由列号和行号组成。例如:A3 表示第 A 列第 3 行。

一个完整的单元格地址除了列号和行号之外,还要指定工作簿名和工作表名。其中工作簿名用方括号"[ ]"括起来,工作表名与列号行号之间用"!"分隔开。例如"[员工工资.xlsx]Sheet1! A1"表示员工工资工作簿中 Sheet1 工作表中的 A1 单元格。

(2) 单元格名称

在 Excel 2010 数据处理过程中,经常要对多个单元格进行相同或类似的操作,此时可以利用单元格区域或单元格名称来简化操作。当一个单元格或单元格区域被命名后,该名称会出现在"名称框"的下拉列表中,如果选中所需的名称,则与该名称相关联的单元格或单元格区域就会被选中。

例如:在本任务的"工资表"中为员工姓名所在单元格区域命名,操作方法如下。

方法一:选中所有员工"姓名"单元格区域(B4:B14),在"编辑栏"左侧的"名称框"中输入"姓名",按 Enter 键完成命名。

方法二:在"公式"选项卡的"定义的名称"组中单击"定义名称"下拉按钮,在其下拉列表中选择"定义名称"命令,打开"新建名称"对话框,如图 4.3.3a 所示在"名称"文本框中输入命名的名称,在"引用位置"文本框中对要命名的单元格区域进行正确引用,单击【确定】按钮完成命名。

要删除以定义的单元格名称,可在"公式"选项卡的"定义的名称"组中单击"名称管理器"按钮,打开"名称管理器"对话框,如图 4.3.3b 所示,选中名称"姓名",单击【删除】按钮即可删除已经定义的单元格名称。

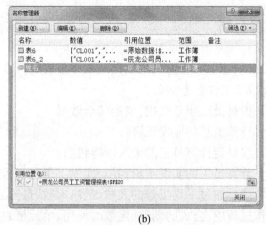

(a)　　　　　　　　　　　　　(b)

图 4.3.3　"新建名称"与"名称管理器"对话框

（3）单元格引用

单元格引用的作用是标识工作表中的一个单元格或一组单元格，以便说明要使用哪些单元格中的数据。Excel 2010 提供了如下 3 种单元格引用：

① 相对引用。相对引用是以某个单元格的地址为基准来决定其他单元格地址的方式。在公式中如果有对单元格的相对引用，则当公示移动或者复制时，将根据移动或复制的位置自动调整公式中引用的单元格的地址。Excel 2010 默认的单元格引用为相对引用，如 A1。

例如，本任务在计算应发工资时，首先选中 I4 单元格，应用公式" = D4 + E4 × F4 + G4 + H4"计算出第一名员工的应发工资，然后复制公式至其他单元格，选中任意一个结果单元格，如 I6，则在编辑栏中可以看到该单元格中的公式为" = D6 + E6 × F6 + G6 + H6"，说明公式位置不同，公式中操作的单元格也发生了变化。

② 绝对引用。绝对引用指向使用工作表中位置固定的单元格，公式的引用或复制不影响它所引用的单元格位置。使用绝对引用时，要在行号或列号前加" $ "符号，如 $ A $ 1。

例如：实发工资排序时，首先选中 I4 单元格，应用公式" = RANK(K4， $ K $ 4: $ K $ 14)"，计算出第一名员工实发工资数据的排名，然后复制公式至其他单元格，选中任意一个结果单元格，如 L6 单元格，则在编辑栏中可以看到该单元格中的公式为" = RANK(K6， $ K $ 4: $ K $ 14)"，由此可见，对单元格 K4: K14 使用了绝对引用方式，不因为结果单元格的变化而变化，这种做法也正符合实际情况，因为单元格区域 K4: K14 是要排序的数据列表，应该保证其引用位置不变。

③ 混合引用。混合引用是指相对引用与绝对引用混合使用，如 A $ 1 和 $ A1。

2. 公式

公式是对工作表中的数值执行计算的等式，公式以等号" = "开头。公式一般包括函数、引用、运算符和常量。

（1）运算符及优先级

运算符有以下 4 种类型：

① 算术运算符：如" + "" － "" * ""/""^""%""( )"等算术运算符运算结果为数

值型。

② 比较运算符:如" ＝ "" ＞ "" ＜ "" ＞ ＝ "" ＜ ＝ "" ＜ ＞ ",比较运算符结果逻辑值为 True 或 Flase。

③ 文本连接运算符"&",用于连接一个或多个文本。例如:"辽宁"&"沈阳"的结果为"辽宁沈阳"。

④ 引用运算符:如":""," " "(空格),其中":"用于表示一个连续的单元格区域如 A1：C3;","用于将多个单元格区域合并为一个引用,如 AVERAGE(A1：A3,C1)表示计算单元格区域 A1：A3 和单元格 C1 中包含的所有单元格(A1,A2,A3,C1)的平均值;" "用于处理区域中相互重叠的部分如 AVERAGE(A1：B3 B1：C3)表示计算单元格区域 A1：C3 和单元格区域 B1：C3 相交部分单元格(B1,B2,B3)的平均值。

运算符优先级如表 4.3.1 所示。

表 4.3.1 运算符优先级

优先级	运算符号	符号名称	运算符类别	优先级	运算符号	符号名称	运算符类别
1	:	冒号	引用运算符	6	+，-	加号和减号	算术运算符
1		单个空格	引用运算符	7	&	连接符号	连接运算符
1	,	逗号	引用运算符	8	=	等于符号	比较运算符
2	-	负号	算术运算符	8	>，<	大于和小于	比较运算符
3	%	百分比	算术运算符	8	< >	不等于	比较运算符
4	^	乘方	算术运算符	8	> =	大于等于	比较运算符
5	*，/	乘号和除号	算术运算符	8	< =	小于等于	比较运算符

(2) 输入公式

Excel 2010 中的公式是由数字、运算符、单元格引用、名称和内置函数构成的。具体操作方法是:选中要输入公式的单元格,在编辑栏输入" ＝ "后再输入具体的公式,单击编辑栏左侧的输入按钮或按 Enter 键完成公式的输入。

(3) 复制公式

方法一:选中包含公式的单元格,可以利用复制、粘贴命令完成公式的复制。

方法二:选中包含公式的单元格,拖动填充柄选中所需运用此公式的单元格,释放鼠标后,公式即被复制。

3. 函数

函数是预先定义好的内置公式,是一种特殊的公式,可以完成复杂的计算。

(1) 函数的格式

函数的语法格式如下:

函数名(参数 1,参数 2,…)

其中,参数可以是数字、文本、逻辑型数据、单元格引用或表达式等,还可以是常量、公式或其他函数。所有在函数中使用的标点符号若不是作为文本输入,都必须是英文符号。

(2) 函数的输入

选中要输入的单元格,在编辑栏中输入" ＝ ",再输入具体的函数,最后按 Enter 键完成函数的输入。

选中要输入函数的单元格,单击编辑栏左侧的"插入函数"按钮或在公式选项卡的"函数库"组中单击的"插入函数"按钮,打开"插入函数"对话框,选择所需要的函数后单击【确定】按钮即可完成函数的输入。

（3）函数的嵌套

某些情况下,可能需要将某函数作为另一个函数的参数,这就是函数的嵌套,Excel 2010 中函数嵌套最多可达 64 层。

4. 创建公式

如果公式中包含了对其他单元格的引用或使用了单元格名称,则可以用以下方法创建公式。下面以在 C1 单元格中创建公式" = A1 + B1 : B3"为例进行说明,如图 4.3.4 所示。

（1）单击需要输入公式的单元格 C1,在编辑栏中键入" = "。

（2）单击 B3 单元格,此单元格中将出现一个带有方角的蓝色边框。

（3）在编辑栏中接着输入" + "。

图 4.3.4　使用单元格引用创建公式

（4）在工作表中选择单元格区域 B1 : B3,此单元格区域将出现一个带有方角的绿色边框。

（5）按 Enter 键结束。

如果彩色边框上没有方角,则引用的是命名区域。例如单元格区域 B1 : B3 被命名为"B 区",则使用以下方法可以创建公式" = A1 + B 区",如图 4.3.5 所示。

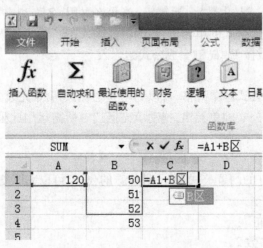

图 4.3.5　单元格名称创建公式

5. 防止"编辑栏"显示公式

有时可能不希望显示公式,可以单击选中包含公式的单元格,按以下方法设置:

右击要隐藏公式的单元格区域,在弹出的快捷菜单中选择"设置单元格格式"命令,打开"设置单元格格式"对话框,切换到"保护"选项卡,选中"锁定"和"隐藏"复选框,单击【确定】按钮返回工作列表。

在"审阅"选项卡的"更改"组中单击"保护工作表"按钮,使用默认设置后单击【确定】按钮返回工作表。

这样,用户就不能在编辑栏或单元格中看到已隐藏的公式,也不能编辑公式。欲取消保护,单击"更改"组中的"撤销工作表保护"即可。

6. 自动求和

Excel 2010 中,"自动求和"按钮被赋予了更多的功能,借助这个功能更强大的自动求和函数,可以快速计算选中单元格中的平均值、最大值和最小值等。

具体的使用方法如下:选中某列或某行要计算的单元格,在"公式"选项卡的"函数库"组中单击"自动求和"下拉按钮,在其下拉列表中选择相应的函数即可。

如果要进行自动求和的是 m 行 ×n 列的连续区域,并且此区域的右边一列和下面一行也是空白,用于存放每行之和与每列之和,此时选中区域及其右边一列或下面一行,也可以两者同时选中,单击"自动求和"按钮,则在选中区域的右边一列或下面一行自动生成求和公式,得到计算结果。

7. 保护工作簿

工作簿的保护包括两个方面:一是保护工作簿,防止他人非法访问;二是禁止他人对工作簿或工作簿中的工作表进行非法操作。

(1) 访问工作簿的权限保护

① 限制打开工作簿。打开工作簿,执行"文件|另存为"命令,打开"另存为"对话框。单击"工具"下拉按钮,在其下拉列表中选择"常规选项"选项,打开"常规选项"对话框。在"常规选项"对话框的"打开权限密码"文本框中输入密码,单击【确定】按钮后要求用户再一次输入密码,以便确认。

单击【确定】按钮,返回"另存为"对话框,再单击【保存】按钮即可。

② 限制修改工作簿。打开"常规选项"对话框,在"修改权限密码"文本框中输入密码并单击【确定】,此时打开工作簿将出现"密码"对话框,输入正确的修改权限密码后才能对该工作簿进行修改操作。

(2) 修改或取消密码

打开"常规选项"对话框,如果要更改密码,在"打开权限密码"文本框中输入新密码并单击【确定】按钮;如果要取消密码,按 Delete 键删除"打开权限密码",然后单击【确定】按钮。

(3) 对工作簿和工作表窗口的保护

如果不允许对工作簿中的工作表进行移动、删除、插入、隐藏、取消隐藏、重新命名或禁止对工作簿中的窗口进行移动、缩放隐藏、取消隐藏等操作,可以进行如下设置:

① 在"审阅"选项卡的"更改"组中单击"保护工作簿"按钮,打开"保护结构和窗口"对话框。

② 勾选"结构"复选框,表示工作簿的结构被保护,工作簿的工作表将不能进行移动、删除、插入等操作。

③ 如果选中"窗口"复选框,则每次打开工作簿时保持窗口的固定位置和大小,工作

簿的窗口不能被移动、缩放、隐藏和取消隐藏。

④ 输入密码。输入密码可以防止他人取消对工作簿的保护,最后单击【确定】按钮。

8. 隐藏工作表

对工作表除了上述密码保护外,还可以赋予其隐藏特性,使之可以使用,但内容不可见,从而得到一定程度的保护。

右击工作表标签,在弹出的快捷菜单中选择"隐藏"命令,可以隐藏工作簿中的工作表的窗口,隐藏工作表后,屏幕上不再出现该工作表,但可以引用该工作表中的数据,若对工作簿实施"结构"保护,则不能隐藏其中的工作表。

还可以隐藏工作表中的某行和某列。选定需要隐藏的行(列),右击,在弹出的快捷菜单中选择"隐藏"命令,则隐藏的行(列)则不显示,但可引用单元格中的数据,行(列)隐藏处出现一条黑线。选中已隐藏的行(列)的相邻行(列),右击,在弹出的快捷菜单中选择"取消隐藏"命令,即可显示隐藏的行(列)。

四、任务实现

打开"辰龙公司员工信息表. xlsx"工作簿文件,选择"工资表"。

1. 填充"奖金/天"列数据

利用在 Excel 2010 中的 IF 函数实现根据员工职务级别填充"奖金/天"数据。IF 函数的功能是根据对指定条件的计算结果(true 和 flase)返回不同的函数值。

IF 函数的语法格式:

IF(logical_test,value_if_true,value_if_false)

其中,logical_test 是任何可能被计算为 true 或 flase 的值或表达式(条件);value_if_true 表示 logical_test 为 true 时的返回值;value_if_false 表示 logical_test 为 flase 时的返回值。

操作步骤:

(1) 选中 F4 单元格,单击编辑栏中的"插入函数"按钮,或在"公式"选项卡的"函数库"组中单击"插入函数"按钮,打开"插入函数"对话框,如图 4.3.6 所示。

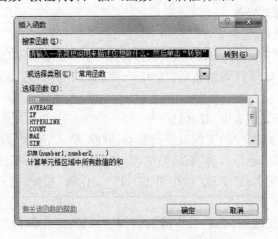

图 4.3.6 "插入函数"对话框

（2）在"或选择类别"下拉列表框中选择"常用函数"选项,在"选择函数"列表框中选择 IF 函数,单击【确定】按钮,打开"函数参数"对话框,如图 4.3.7a 所示。

（3）将光标定位于 logical_test 文本框,单击右侧按钮,压缩了的"函数参数"对话框如图 4.3.7b 所示。

(a)

(b)

图 4.3.7　"IF 函数参数"对话框

（4）此时在工作表中选中 C4 单元格,单击右侧按钮,重新打开"函数参数"对话框。在 logical_test 文本框中将条件式"C4 ='经理'"填写完整,在 value_if_true 文本框中输入200,表示当前条件成立时(当前员工职务是经理时),函数返回值为 200,如图 4.3.8 所示。因为需要判断当前员工的职务,所以在 value_if_false 中要再嵌套 IF 函数进行职务判断。将光标定位在 value_if_false 文本框中,然后在工作表的编辑栏最左侧的函数下拉列表中选择 IF 函数,如图 4.3.8 所示,再次打开"函数参数"对话框。

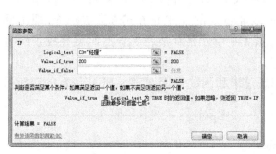

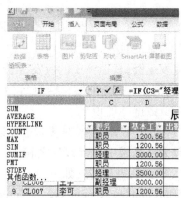

图 4.3.8　填写了条件式"C4 ='经理'"的 IF 函数参数对话框

（5）此时光标定位在 logical_test 文本框,并将条件式"C4 ='副经理'"填写完整,在value_if_true 文本框中输入 150,在 value_if_false 文本框中输入 100,表示当条件成立时(当前员工职务是副经理时),函数返回 150,否则函数返回 100,如图 4.3.9 所示。

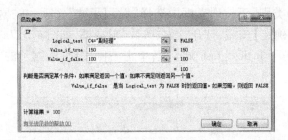

图 4.3.9 填写了条件式"C4 = '副经理'"的 IF 函数参数对话框

(6)单击【确定】按钮返回工作表,此时 F4 单元格中公式是" = IF(C4 = "经理", 200, IF(C4 = "副经理", 150, 100))",其返回值是 100。

(7)其他员工的"奖金/天"数据列的值可以通过复制函数的方式来填充。选中 F4 单元格,并将鼠标指针移动至该单元格右下角,当鼠标指针变成十字形状时按住鼠标左键拖动,拖至目标位置 F14 单元格时释放鼠标,此时可以看到 IF 函数被复制到其他单元格。

至此,完成所有员工的"奖金/天"数据列的填充。

2. 填充"全勤奖"数据列

选中 G4 单元格,在"编辑栏"中直接输入公式" = IF(E4 = 25, 200, 0)",单击编辑栏左侧的"输入"按钮或者按 Enter 键,即可得到该员工的"全勤奖"数值,其他员工的"全勤奖"可通过复制函数的方式获得。

3. 计算并填充"应发工资"列数据

应发工资的计算方法是:应发工资 = 基本工资 + 奖金/天 × 出勤天 + 全勤奖 + 差旅补助。

"应发工资"列数据的填充可以通过在单元格中输入加减法公式实现。选中 I4 单元格,在编辑栏内输入公式" = D4 + E4 * F4 + G4 + H4"并按 Enter 键,即可计算出第一名员工的应发工资,其他员工的应发工资可以通过复制公式的方式来完成填充,即用鼠标拖动 I4 单元格右下角的填充柄至目标位置 I14 单元格释放目标。此时就完成了所有员工应发工资数据列的填充。

"应发工资"列数据的填充也可以通过求和函数 SUM 实现。SUM 函数的功能是返回某一单元格区域中所有数字之和。

SUM 函数语法格式如下:

SUM(number1, number2, …, numberN)

其中,number1, number2, …, numberN 是要对其求和的参数。

操作方法:选中 I4 单元格,在编辑栏内输入公式" = SUM(D4, E4 * F4, G4, H4)"并按 Enter 键,计算出第一名员工的应发工资,其他员工的应发工资可以通过复制函数的方式填充。

4. 计算并填充"个人所得税"数据列

可以通过 IF 函数计算每名员工的个人所得税。选中 J4 单元格,在编辑栏中输入公式" = IF((I4 - 2000) < = 500, (I4 - 2000) * 0.05, IF((I4 - 2000) < = 2000, (I4 - 2000) * 0.1 - 25, IF((I4 - 2000) < = 5000, (I4 - 2000) * 0.15 - 125, (I4 - 2000) * 0.2 -

375)))",按 Enter 键即可得到第一名员工的个人所得税。其他员工的个人所得税可以通过复制函数的方式来填充。

5. 计算并填充"实发工资"列数据

实发工资的计算方法是:实发工资 = 应发工资 – 个人所得税。

选中 K4 单元格,在编辑栏中输入公式" = I4 – J4"并按 Enter 键,即可计算出第一名员工的应发工资。其他员工的应发工资同样可以通过复制函数的方式来填充。

6. 根据"实发工资"列进行排名

利用 Excel 2010 中的 RANK 函数可以实现对实发工资的排名,RANK 函数的功能是返回一个数字在数字列表中的排名。

RANK 函数的语法格式如下:

RANK(number,ref,order)

其中,number 为返回排名的数字;ref 是数值列表的引用,ref 中的数值型参数将被忽略;order 是排名方式;0 或省略表示降序排名。

具体操作步骤:

方法一:选中 L4 单元格,通过在"编辑栏"内输入公式" = RANK((K4, $ K $ 4: $ K $14)",按 Enter 键计算出第一名员工的工资排名,其他员工的工资排名可以通过复制函数的方式填充。

方法二:选中 L4 单元格,打开"插入函数"对话框,在"选择类别"下拉列表框中选择"统计"选项,在"选择函数"列表框中选择 RANK 函数,单击【确定】按钮,将打开"函数参数"对话框。

将光标定位于 Number 文本框,单击右侧的选择按钮,选择要排序的单元格 K4,再将光标定位于 ref 文本框,单击右侧的选择按钮,在工作表选中 K4: K14 单元格区域(要排序的数字列表),并且进行绝对引用(选中 ref 文本框中的 K4: K14,按 F4 键);在 Order 文本框中输入数字 0,表示按降序排序。按【确定】按钮,函数返回值为 11,说明第一名的"工资排名"是 11。其他员工的"按工资排序"数据列的值可以通过复制函数的方式填充。

7. 计算统计数据

(1) 计算超过平均工资的人数

此操作需要使用平均值函数 AVERAGE 和 COUNTIF 函数来完成。AVERAGE 函数的功能是返回参数的平均值(算数平均值),COUNTIF 函数的功能是计算单元格区域中满足给定条件的单元格的个数。

AVERAGE 函数的语法格式如下:

AVERAGE(number1, number2,…,numberN)

其中,number1, number2,…,numberN 是要计算其平均值的数字参数,参数可以是数字或者是包含数字的名称、数组或引用。

COUNTIF 函数的语法格式如下:

COUNTIF(range,criteria)

其中,range 是一个或多个要计算的单元格,包括数字、名称、数组或包含数字的引用,空值和文本值将被忽略,criteria 为确定哪些单元格将被计算在内的条件,其形式可以为数字、表达式、单元格引用或文本。

操作步骤：

选中要存放结果的单元格 D16,在编辑栏输入公式" = COUNTIF(K4∶K14,"＞＝"&AVERAGE(K4∶K14))",计算超出平均工资的人数。其中 K4∶K14 表示要统计的单元格区域,"＞＝"&AVERAGE(K4∶K14)"表示大于或等于平均实发工资,是统计的条件。

（2）统计最高工资和最低工资

此操作需要使用最大值函数 MAX 和最小值 MIN。MAX 函数功能是返回一组值中的最大值,MIN 函数的功能是返回一组值中的最小值。

MAX 函数语法格式如下：

MAX(number1, number2,…,numberN)

MIN 函数语法格式如下：

MIN(number1, number2,…,numberN)

其中,number1, number2,…,numberN 是要从中找出最大值（最小值）的数字参数,参数可以是数字或者是包含数字的名称、数组或引用。

操作步骤:选中 D17 单元格,在编辑栏中输入公式" = MAX(K4∶K14)",按 Enter 键,计算出最高工资。选中 D18 单元格,在编辑栏中输入公式" = MIN(K4∶K14)",按 Enter 键,计算出最低工资。至此,辰龙集团员工工资报表编制完成。

任务四　销售统计的数据处理

数据分析是 Excel 2010 工作表的另一个强大功能,使用该功能可以对数据进行排序、筛选、分类汇总、合并计算等操作,实现数据的快速统计、分析与处理。

一、任务描述

辰龙集团总部每个季度都要对各销售处的商品销售数据进行汇总、计算、排序等工作。目前,准备对第一销售处、第二销售处、第三销售处在 1—3 月的商品销售情况进行汇总,具体工作如下：

（1）按月对商品销售额进行降序排列,对每个经销处按照销售额进行降序排列。

（2）对指定月份、指定经销处、指定销售数量的商品销售情况进行列表显示。

（3）统计各销售处 1—3 月的商品平均销售额,同时汇总各经销处的月销售额。

（4）对第一销售处、第二销售处、第三销售处的商品销售数量和销售金额进行合并计算。

二、任务分析

必须使用 Excel 2010 中提供的数据排序功能、数据筛选功能、数据的分类汇总功能和合并计算功能,才能实现任务要求的各项数据分析和统计要求。

（1）利用排序功能实现：

① 通过"排序"对话框实现按月对商品销售额进行降序排序。

② 通过在"排序"对话框中自定义排序序列,实现对每个销售处按商品销售额进行降序排列。

（2）利用筛选功能实现：

① 使用自动筛选方式可以对 1 月份的商品销售情况进行显示,其余数据被隐藏。

② 通过自定义筛选方式可以完成对 1 月份销售数量为 50～85 台的商品销售情况进行列表显示。

③ 通过高级筛选功能可以将第一销售处 1 月份销售数量超过 70 台的销售数据及"索尼－EA35"在 3 月份的销售情况进行列表显示（设置筛选条件区域）。

（3）利用分类汇总功能实现：统计各销售处 1—3 月的平均销售额,同时汇总各经销处的月销售额。其中,汇总关键字为"销售部门",汇总次关键字为"月份"。

（4）利用合并计算功能实现：对第一销售处、第二销售处、第三销售处的商品销售数量和销售金额进行合并计算。

三、必备知识

1．数据排序

Excel 2010 可以对一列或多列中的数据按文本（升序或降序）、数字（升序或降序）以及日期和时间（升序或降序）进行排序,还可以按照自定义序列或格式（包括单元格颜色、字体颜色或图标集）进行排序。大多数排序操作都是针对列进行的。数据排序一般分为简单排序、复杂排序和自定义排序。

（1）简单排序

简单排序是指设置一个排序条件进行数据的升序或降序排序的方式,具体方法：单击条件列字段中的任意单元格,在"数据"选项卡的"排序和筛选"组中单击"升序"或"降序"按钮即可。

（2）复杂排序

复杂排序是指按多个字段进行数据排序的方式,具体方法：在"数据"选项卡的"排序和筛选"组中单击"排序"按钮,打开"排序"对话框,在该对话框中可以设置一个主要关键字、多个次要关键字,每个关键字均可按升序或降序进行排列。

（3）自定义排序

可以使用自定义序列按照用户定义的顺序进行排序,具体方法：在"排序"对话框中选择要进行自定义排序的关键字,在其对应的"次序"下拉列表框中选择"自定义序列"选项,打开"自定义序列"对话框,选择或建立需要的排序序列即可。

2. 数据筛选

筛选是指找出符合条件的数据记录,即显示符合条件的记录,隐藏不符合条件的记录。

(1) 自动筛选

自动筛选是指工作表中只显示满足给定条件的数据。进行自动筛选的方法:选中任意单元格,在"数据"选项卡的"排序和筛选"组中单击"筛选"按钮,在各标题名右侧出现下拉按钮,说明对单元格数据启用了"筛选"功能,单击这些下拉按钮可以显示列筛选器,在此可以进行筛选条件的设置,完成后在工作表中将显示筛选结果。

(2) 自定义筛选

当需要对某字段数据设置多个复杂筛选条件时,可以通过自定义自动筛选的方式进行设置。在该字段的列筛选器中选择"数字筛选"命令的下一级菜单中的"自定义筛选"命令,打开"自定义自动筛选方式"对话框,对该字段进行筛选条件设置,完成后工作表中将显示筛选结果。

(3) 高级筛选

一般来说,自动筛选和自定义筛选都不是很复杂的筛选,如果要设置复杂的筛选条件,可以使用高级筛选。

使用高级筛选时必须建立一个条件区域。一个条件区域至少包含两行、两个单元格,其中第一行中要输入字段名称(与表中字段相同),第二行及以下各行则输入该字段的筛选条件。具有与关系的多重条件放在同一行,具有或关系的多重条件放在不同行。

高级筛选结果可以显示到数据源表格中,不符合条件的记录则被隐藏起来,也可以在新的位置显示筛选结果,而源数据保持不变。

(4) 清除筛选

如果需要清除工作表中的自动筛选和自定义筛选,可以在"数据"选项卡的"排序和筛选"组中单击"清除"按钮,使工作表恢复到初始状态。

3. 分类汇总

分类汇总是指对某个字段的数据进行分类,并对各类数据进行快速统计的汇总统计。汇总的类型有求和、计数、平均值、最大值、最小值等,默认的方式是求和。

创建分类汇总时,首先要对分类字段的和进行排序。创建数据分类汇总后,Excel 会自动按汇总时的数据清单进行分级显示,并自动生成分级显示按钮,用于查看各级别的分级数据。

如果需要在一个已经建立了分类汇总的工作表中再进行另一种分类汇总,两次分类汇总使用的是不同的关键字,即实现嵌套分类汇总,则需要在进行分类汇总操作前对主关键字和次关键字进行排序。进行分类汇总时,将主关键字作为第一级分类汇总关键字,将次关键字作为第二级分类汇总关键字。

若要删除分类汇总,只需在"分类汇总"对话框中单击"全部删除"按钮即可。

4. 合并计算

利用 Excel 2010 合并计算功能,可以将多个工作表中的数据进行计算汇总,在合并计算过程中,存放计算结果的区域称为目标区域,提供合并数据的区域称为源数据区域,目标区域可与源数据区域在同一个工作表中,也可以在不同工作表中或工作簿内。数据源可以来自单个工作表、多个工作表或多个工作簿中。

合并计算有两种形式：一种是按分类合并进行计算，另一种是按位置合并进行计算。

（1）按分类合并进行计算

通过分类来合并计算数据是指当多个数据源区域包含相似的数据，却依据不同的分类标记排列时进行的数据合并计算方式。例如：某公司有两个分公司，分别销售不同的产品，总公司要获得完整的销售报表，就必须使用"分类"的方式来合并计算数据。如果数据源区域顶行包含分类标记，则在"合并计算"对话框中选中"首行"复选框，如果数据源区域左侧有分类标记，则选中"最左列"复选框，在一次合并计算中，可以同时选中这两个复选框。

（2）按位置合并进行计算

通过位置来合并计算数据是指在所有源区域中的数据被相同的排列，即每个源区域中要合并计算的数据必须在被选定源区域的相同的相对位置上。这种方式非常适用于处理相同表格的合并工作。

5．获取外部数据

如果在编辑工作表时需要将已有的数据导入工作表中，可以利用 Excel 2010 的导入外部数据功能实现。外部数据可以来自文本文件和 Access 文件等。

下面利用"文本导入向导"从文本文件中获取数据为例进行介绍。已有的文本文件（学生名单.txt）内容如图 4.4.1 所示，各字段以 Tab 键分隔。

（1）打开一个空白工作表，选中单元格 A1，在"数据"选项卡的"获取外部数据"组中单击"自文本"按钮，打开"导入文本文件"对话框，找到要导入的"学生名单.txt"文件，内容如图 4.4.1 所示，单击"导入"按钮。

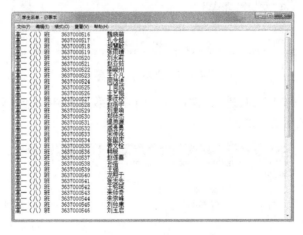

图 4.4.1　文本文件中的数据

（2）这时打开"文本导入向导 – 第 1 步，共 3 步"对话框，如图 4.4.2 所示，在"原始的数据类型"选项组中选中"分隔符号"复选框，表示文本文件中的数据用分隔符分隔每个字段。

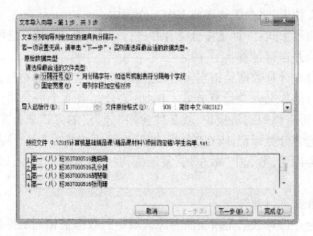

图 4.4.2　文本导入向导 1

（3）单击【下一步】按钮进入"文本导入向导 – 第 2 步，共 3 步"对话框，如图 4.4.3 所示，选中分隔符号选项组中的"Tab 键"复选框。

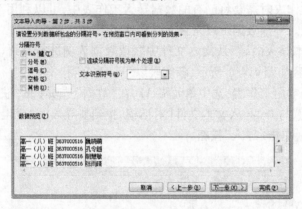

图 4.4.3　文本导入向导 2

（4）单击【下一步】按钮，进入"文本导入向导 – 第 3 步，共 3 步"对话框，如图 4.4.4 所示，设置数据列格式为"文本"。

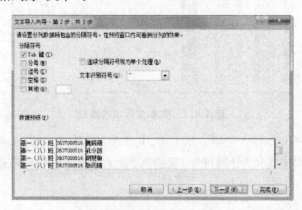

图 4.4.4　文本导入向导 3

（5）单击【完成】按钮,则将文本文件"学生名单.txt"文件中的数据导入了 Excel 工作表中,如图 4.4.5 所示。

6. 按笔画对汉字进行排序

系统默认的汉字排序方式是以汉字拼音的字母顺序排列的。在操作过程中还可以对汉字进行按笔画排序。具体操作方法:在"排序"对话框中单击【选项】按钮,然后单击【确定】按钮,即可对指定列中的数据以笔画进行排序。

7. 快速对单元格数据进行计算

选中批量单元格后,在 Excel 2010 窗口的状态栏中可以查看这些单元格数据中的最大值、最小值、平均值、求和等统计信息。如果在状态栏中没有需要的统计信息,可以右击状态栏,在弹出的快捷菜单中选择需要的统

图 4.4.5　导入结果

计命令即可。利用该方法还可以计算包含数字的单元格的数量(选择数字计数),或者计算已经填充单元格的数量(选择计数)。

四、任务实现

1. 数据排序

（1）按月对商品销售进行降序排序

打开"辰龙公司商品销售.xlsx"文件,切换到"辰龙公司商品销售表"工作表,并建立副本,将副本更名为"排序",将"排序"工作表切换为当前工作表。

① 选中工作表中任意单元格,在"数据"选项卡的"排序和筛选"组中单击"排序"按钮,打开"排序"对话框。

② 在"主要关键字"下拉列表框中选择"月份"选项,在"次序"下拉列表框中选择"升序"选项,表示首先按照月份升序排列。

③ 在"排序"对话框中单击【添加条件】按钮,添加次要关键字。

④ 与设置主要关键字方式一样,在"次要关键字"下拉列表框中选择"销售金额(元)",在"次序"下拉列表框中选择"降序"选项,表示在"月份"相同的情况下按"销售金额"降序排列,如图 4.4.6 所示,排序后的结果如图 4.4.7 所示。

图 4.4.6　"排序"对话框

	A	B	C	D	E	F
1	辰龙公司商品销售情况表					
2	销售部门	商品名称	月份	单价（元）	销售数量（台）	销售金额（元）
3	第二销售处	索尼-EA35	1月份	¥4,750.00	100	¥475,000.00
4	第二销售处	联想-Y460	1月份	¥5,799.00	69	¥400,131.00
5	第二销售处	惠普-CQ42	1月份	¥4,369.00	80	¥349,520.00
6	第一销售处	联想-Y460	1月份	¥5,799.00	54	¥313,146.00
7	第一销售处	联想-Y460	1月份	¥4,750.00	59	¥280,250.00
8	第三销售处	惠普-CQ42	1月份	¥4,369.00	50	¥218,450.00
9	第一销售处	惠普-CQ42	1月份	¥4,369.00	25	¥109,225.00
10	第一销售处	惠普-CQ42	1月份	¥4,369.00	12	¥52,428.00
11	第一销售处	联想-Y460	2月份	¥5,799.00	90	¥521,910.00
12	第一销售处	联想-Y460	2月份	¥5,799.00	69	¥400,131.00
13	第一销售处	索尼-EA35	2月份	¥4,750.00	82	¥389,500.00
14	第一销售处	华硕-A42	2月份	¥4,750.00	80	¥380,000.00
15	第二销售处	华硕-A42	2月份	¥4,750.00	80	¥380,000.00
16	第二销售处	索尼-EA35	2月份	¥4,750.00	80	¥380,000.00
17	第一销售处	华硕-A42	2月份	¥4,069.00	66	¥268,554.00
18	第三销售处	索尼-EA35	2月份	¥4,750.00	50	¥237,500.00
19	第二销售处	惠普-CQ42	2月份	¥4,369.00	28	¥122,332.00
20	第二销售处	惠普-CQ42	2月份	¥4,369.00	27	¥117,963.00
21	第二销售处	索尼-EA35	2月份	¥4,750.00	15	¥71,250.00
22	第三销售处	华硕-A42	2月份	¥4,069.00	17	¥69,173.00
23	第二销售处	华硕-A42	3月份	¥4,750.00	100	¥475,000.00
24	第一销售处	索尼-EA35	3月份	¥4,750.00	99	¥470,250.00
25	第二销售处	联想-Y460	3月份	¥5,799.00	67	¥388,533.00
26	第一销售处	惠普-CQ42	3月份	¥4,369.00	85	¥371,365.00
27	第二销售处	华硕-A42	3月份	¥4,750.00	75	¥356,250.00
28	第二销售处	惠普-CQ42	3月份	¥4,369.00	70	¥305,830.00
29	第一销售处	华硕-A42	3月份	¥4,750.00	35	¥166,250.00
30	第一销售处	华硕-A42	3月份	¥4,069.00	35	¥142,415.00
31	第三销售处	索尼-EA35	3月份	¥4,750.00	8	¥38,000.00

图 4.4.7　排序结果示意图

（2）对每个销售处按商品销售额进行降序排序

打开"辰龙公司商品销售.xlsx"文件，切换到"辰龙公司商品销售表"工作表，并建立其副本，将副本更名为"自定义排序"，将"自定义排序"工作表切换为当前工作表。

在对"销售部门"进行排序时，系统默认的汉字排序方式是以汉字拼音的字母顺序排列的，所以依次出现的"销售部门"是"第二销售处""第三销售处""第一销售处"，不符合任务要求，所以这里要采用自定义排序方式定义"销售部门"字段的正常列排序，即按"第一销售处""第二销售处""第三销售处"的顺序统计各销售处的商品销售额由高到低的顺序。

① 选中工作表中的任意数据单元格，在数据选项卡的"排序与筛选"组中单击"排序"按钮打开"排序"对话框。

② 将主要关键字设置为"销售部门"，在"次序"下拉列表框中选择"自定义排序"选项，打开"自定义序列"对话框，在"输入序列"列表框中依次输入"第一销售处""第二销售处""第三销售处"，单击【添加】按钮，再单击【确定】按钮返回排序对话框，则在"次序"下拉列表框中设置为已经定义好的序列，如图 4.4.8 所示。

图 4.4.8　"自定义序列"对话框

③ 单击【添加条件】按钮,将次要关键字设置为"销售金额(元)",并设置次序为"降序",单击【确定】按钮则完成了对每个销售处按商品销售额进行降序排序,最终效果如图4.4.9 所示。

辰龙公司商品销售情况表					
销售部门	商品名称	月份	单价(元)	销售数量(台)	销售金额(元)
第一销售处	联想-Y460	2月份	¥5,799.00	90	¥521,910.00
第一销售处	华硕-A42	3月份	¥4,750.00	100	¥475,000.00
第一销售处	索尼-EA35	3月份	¥4,750.00	99	¥470,250.00
第一销售处	联想-Y460	2月份	¥5,799.00	69	¥400,131.00
第一销售处	索尼-EA35	2月份	¥4,750.00	82	¥389,500.00
第一销售处	华硕-A42	2月份	¥4,750.00	80	¥380,000.00
第一销售处	惠普-CQ42	3月份	¥4,369.00	85	¥371,365.00
第一销售处	联想-Y460	1月份	¥4,750.00	59	¥280,250.00
第一销售处	华硕-A42	3月份	¥4,069.00	35	¥142,415.00
第一销售处	惠普-CQ42	2月份	¥4,369.00	28	¥122,332.00
第一销售处	惠普-CQ42	1月份	¥4,369.00	27	¥117,963.00
第二销售处	索尼-EA35	1月份	¥4,750.00	100	¥475,000.00
第二销售处	联想-Y460	2月份	¥5,799.00	69	¥400,131.00
第二销售处	华硕-A42	2月份	¥4,750.00	80	¥380,000.00
第二销售处	华硕-A42	3月份	¥4,750.00	75	¥356,250.00
第二销售处	惠普-CQ42	1月份	¥4,369.00	80	¥349,520.00
第二销售处	惠普-CQ42	3月份	¥4,369.00	70	¥305,830.00
第二销售处	华硕-A42	2月份	¥4,069.00	66	¥268,554.00
第二销售处	惠普-CQ42	1月份	¥4,369.00	25	¥109,225.00
第二销售处	索尼-EA35	2月份	¥4,750.00	15	¥71,250.00
第二销售处	索尼-EA35	3月份	¥4,750.00	8	¥38,000.00
第三销售处	联想-Y460	2月份	¥5,799.00	67	¥388,533.00
第三销售处	索尼-EA35	2月份	¥4,750.00	80	¥380,000.00
第三销售处	联想-Y460	1月份	¥5,799.00	54	¥313,146.00
第三销售处	索尼-EA35	2月份	¥4,750.00	50	¥237,500.00
第三销售处	惠普-CQ42	1月份	¥4,369.00	50	¥218,450.00
第三销售处	华硕-A42	1月份	¥4,750.00	35	¥166,250.00
第三销售处	华硕-A42	2月份	¥4,069.00	17	¥69,173.00
第三销售处	惠普-CQ42	1月份	¥4,369.00	12	¥52,428.00

图4.4.9 "自定义序列"排序结果

2. 数据筛选

(1) 对1月份的商品销售情况进行列表显示。

打开"辰龙公司商品销售.xlsx"文件,切换到"辰龙公司商品销售"工作表,并建立副本,将副本更名为"筛选",并将"筛选"工作表设置为当前工作表。

在工作表中选中任意单元格,在"数据"选项卡的"排序与筛选"组中单击"筛选"按钮。此时在各列标题名后出现了下拉按钮,单击"月份"后的下拉按钮打开列筛选器,取消选中"1月份""2月份""3月份"复选框,如图4.4.10 所示,单击【确定】按钮。

此时工作表中将只显示1月份的相关数据条目,如图4.4.11 所示。

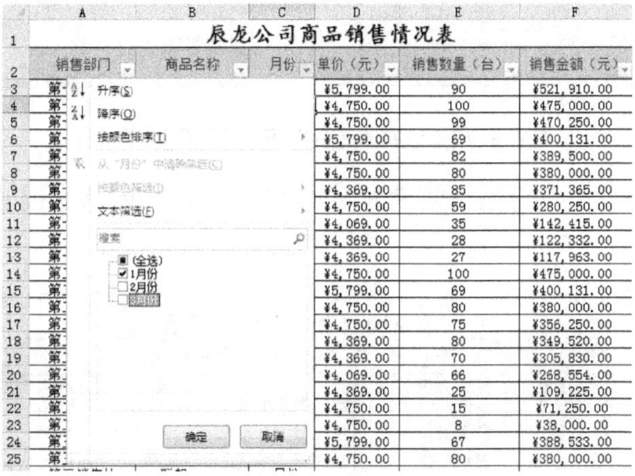

图4.4.10 选择1月份数据

	A	B	C	D	E	F
1	辰龙公司商品销售情况表					
2	销售部门	商品名称	月份	单价（元）	销售数量（台）	销售金额（元）
10	第一销售处	联想-Y460	1月份	¥4,750.00	59	¥280,250.00
14	第二销售处	索尼-EA35	1月份	¥4,750.00	100	¥475,000.00
15	第二销售处	联想-Y460	1月份	¥5,799.00	69	¥400,131.00
18	第二销售处	惠普-CQ42	1月份	¥4,369.00	80	¥349,520.00
21	第二销售处	惠普-CQ42	1月份	¥4,369.00	25	¥109,225.00
26	第三销售处	联想-Y460	1月份	¥5,799.00	54	¥313,146.00
28	第三销售处	惠普-CQ42	1月份	¥4,369.00	50	¥218,450.00
31	第三销售处	惠普-CQ42	1月份	¥4,369.00	12	¥52,428.00

图 4.4.11　筛选后 1 月份商品销售情况

在"数据"选项卡的"排序和筛选"组中再次单击"筛选"按钮,将取消对单元格的筛选,此时各列标题右侧箭头消失。

（2）对 1 月份销售数量为 50～80 台的商品销售情况进行列表显示。

为完成此项操作,除需"1 月份"这个筛选条件外,还需要添加"销售数量 ＜ ＝85"且"销售数量 ＞ ＝50"的条件对商品的销售数量进行筛选,具体操作步骤:

① 对 1 月份的商品销售情况进行筛选。

② 单击"销售数量"右侧下拉按钮,在列筛选器中选择"数字筛选"命令,弹出相应的子菜单,选择"自定义筛选"命令,打开"自定义自动筛选方式"对话框,在其中设置"销售数量""大于或等于 50 台"并且("与")"销售数量""小于或等于 85 台",单击【确定】按钮即可,如图 4.4.12 所示。

图 4.4.12　选择"自定义筛选"命令设定条件

③ 此时就可以对 1 月份销售数量为 50～80 台的商品销售情况进行列表显示,如图 4.4.13 所示。

	A	B	C	D	E	F
1	辰龙公司商品销售情况表					
2	销售部门	商品名称	月份	单价（元）	销售数量（台）	销售金额（元）
10	第一销售处	联想-Y460	1月份	¥4,750.00	59	¥280,250.00
15	第二销售处	联想-Y460	1月份	¥5,799.00	69	¥400,131.00
18	第二销售处	惠普-CQ42	1月份	¥4,369.00	80	¥349,520.00
26	第三销售处	联想-Y460	1月份	¥5,799.00	54	¥313,146.00
28	第三销售处	惠普-CQ42	1月份	¥4,369.00	50	¥218,450.00

图 4.4.13　"自定义筛选"结果

（3）将第一销售处 1 月份销售数量超过 70 台的销售数据及"索尼－EA35"在 3 月份的销售情况进行列表显示。

打开"辰龙公司商品销售.xlsx"文件,切换到"辰龙公司商品销售"工作表,并建立副本,将副本更名为"高级筛选",并将"高级筛选"工作表设置为当前工作表。

要完成此操作,需要设置两个复杂条件。

条件 1:销售部门＝"第一销售处"与月份＝"1 月份"与销售数量＞70。

条件 2:商品名称＝"索尼－EA35"与月份＝"3 月份"。

其中,条件 1 和条件 2 之间是或的关系。

具体操作步骤如下:

① 设置条件区域并输入筛选条件。在数据区域的下方设置条件区域,其中条件区域必须有列标签,同时确保在条件区域与数据区域之间至少留有一个空白行,如图 4.4.14 所示。

26	第二销售处	联想-Y460	1月份	¥3,799.00	34	¥313,148.00
27	第三销售处	索尼-EA35	2月份	¥4,750.00	50	¥237,500.00
28	第三销售处	惠普-CQ42	1月份	¥4,369.00	50	¥218,450.00
29	第三销售处	华硕-A42	3月份	¥4,750.00	35	¥166,250.00
30	第三销售处	华硕-A42	2月份	¥4,069.00	17	¥69,173.00
31	第三销售处	惠普-CQ42	1月份	¥4,369.00	12	¥52,428.00
32						
33	销售部门	商品名称	月份	销售数量（台）		
34	第一销售处		1月份	>70		
35		索尼-EA35	3月份			
36						

图 4.4.14 设置条件区域并输入高级筛选条件

② 选择数据列表区域、条件区域和目标区域。选中数据区域的任意单元格,在"数据"选项卡的"排序与筛选"组中单击"高级"按钮,打开"高级筛选"对话框,如图 4.4.15 所示,在列表区域已经默认了显示数据源区域。单击"条件区域"文本框右侧选择单元格按钮,在工作表中选择已经设置的条件区域,在"方式"选项组中选中"将筛选结果复制到其他位置",再单击"复制到"文本框右侧的选择单元格按钮选择显示筛选结果的目标位置,单击【确定】按钮即可将所需要的商品销售情况进行列表显示,如图 4.4.16 所示。

图 4.4.15 "高级筛选"对话框

27	第三销售处	索尼-EA35	2月份	¥4,750.00	50	¥237,500.00
28	第三销售处	惠普-CQ42	1月份	¥4,369.00	50	¥218,450.00
29	第三销售处	华硕-A42	3月份	¥4,750.00	35	¥166,250.00
30	第三销售处	华硕-A42	2月份	¥4,069.00	17	¥69,173.00
31	第三销售处	惠普-CQ42	1月份	¥4,369.00	12	¥52,428.00
32						
33	销售部门	商品名称	月份	销售数量（台）		
34	第一销售处		1月份	>70		
35		索尼-EA35	3月份			
36						
37						
38	销售部门	商品名称	月份	单价（元）	销售数量（台）	销售金额（元）
39	第一销售处	索尼-EA35	3月份	¥4,750.00	99	¥470,250.00
40	第二销售处	索尼-EA35	3月份	¥4,750.00	8	¥38,000.00

图 4.4.16 高级筛选结果

3. 统计各销售处 1—3 月的平均销售额,同时汇总各销售处的月销售额

打开"辰龙公司商品销售.xlsx"文件,切换到"辰龙公司商品销售"工作表,并建立副本,将副本更名为"分类汇总",并将"分类汇总"工作表设置为当前工作表。

将"销售部门"作为主关键字,"月份"作为次关键字进行排序,其中"销售部门"通过自定义序列"第一销售处""第二销售处""第三销售处"进行排序。

(1) 选中数据区域的任意单元格,在"数据"选项卡的"分级显示"组中单击"分类汇总"按钮,打开"分类汇总"对话框,如图 4.4.17 所示。

(2) 设置分类字段为"销售部门",汇总方式为"平均值",选定汇总项为"销售金额",同时选中"替换当前分类汇总"和"汇总结果显示在数据下方"复选框,然后单击【确定】按钮,则 Excel 2010 将按经销处对数据进行一级分类汇总,效果如图 4.4.18 所示。

图 4.4.17 "分类汇总"对话框

图 4.4.18 一级分类汇总显示结果示意图

(3) 在上一步基础上,再次执行分类汇总。在"分类汇总"对话框中设置分类字段为"月份",汇总方式为"求和",选定汇总项为"销售金额",同时取消选中"替换当前分类汇总"复选框,单击【确定】按钮即实现二级分类汇总。

此二级分类汇总首先实现了对各销售处 1—3 月的销售额平均值的计算,然后对每个销售处进行按月的销售额统计。两次分类汇总结果如图 4.4.19 所示。

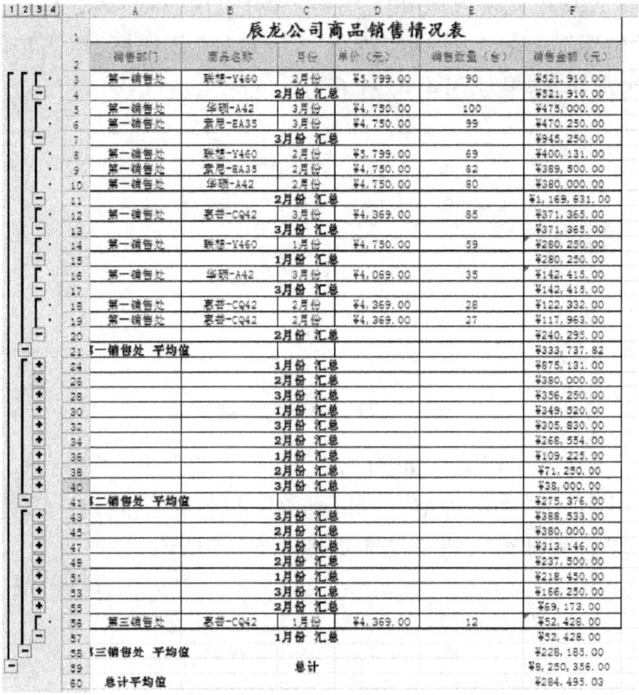

	A	B	C	D	E	F
1	辰龙公司商品销售情况表					
2	销售部门	商品名称	月份	单价（元）	销售数量（台）	销售金额（元）
3	第一销售处	联想-Y460	2月份	¥5,799.00	90	¥521,910.00
4			2月份 汇总			¥521,910.00
5	第一销售处	华硕-A42	3月份	¥4,750.00	100	¥475,000.00
6	第一销售处	索尼-EA35	3月份	¥4,750.00	99	¥470,250.00
7			3月份 汇总			¥945,250.00
8	第一销售处	联想-Y460	2月份	¥5,799.00	69	¥400,131.00
9	第一销售处	索尼-EA35	2月份	¥4,750.00	82	¥389,500.00
10	第一销售处	华硕-A42	2月份	¥4,750.00	80	¥380,000.00
11			2月份 汇总			¥1,169,631.00
12	第一销售处	惠普-CQ42	3月份	¥4,369.00	85	¥371,365.00
13			3月份 汇总			¥371,365.00
14	第一销售处	联想-Y460	1月份	¥4,750.00	59	¥280,250.00
15			1月份 汇总			¥280,250.00
16	第一销售处	华硕-A42	3月份	¥4,069.00	35	¥142,415.00
17			3月份 汇总			¥142,415.00
18	第一销售处	惠普-CQ42	2月份	¥4,369.00	28	¥122,332.00
19	第一销售处	惠普-CQ42	2月份	¥4,369.00	27	¥117,963.00
20			2月份 汇总			¥240,295.00
21	第一销售处 平均值					¥333,737.82
24			1月份 汇总			¥875,131.00
26			2月份 汇总			¥380,000.00
28			3月份 汇总			¥356,250.00
30			1月份 汇总			¥349,520.00
32			3月份 汇总			¥305,830.00
34			2月份 汇总			¥268,554.00
36			1月份 汇总			¥109,225.00
38			2月份 汇总			¥71,250.00
40			3月份 汇总			¥38,000.00
41	第二销售处 平均值					¥275,376.00
43			3月份 汇总			¥388,533.00
45			2月份 汇总			¥380,000.00
47			1月份 汇总			¥313,146.00
49			2月份 汇总			¥237,500.00
51			1月份 汇总			¥218,450.00
53			3月份 汇总			¥166,250.00
55			2月份 汇总			¥69,173.00
56	第三销售处	惠普-CQ42	1月份	¥4,369.00	12	¥52,428.00
57			1月份 汇总			¥52,428.00
58	第三销售处 平均值					¥228,185.00
59			总计			¥8,250,356.00
60	总计平均值					¥284,495.03

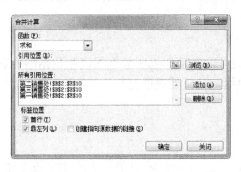

图 4.4.19　二级分类汇总结果

4. 对“第一销售处”“第二销售处”“第三销售处”的商品销售数量和销售金额进行合并计算

打开“辰龙公司商品销售.xlsx”文件，在工作簿文件中新建工作表并命名为“合并计算”，用于存放合并数据。

（1）选中“合并计算”工作表中的 A2 单元格，在“数据”选项卡的“数据工具”组中单击“合并计算”按钮，打开“合并计算”对话框，如图 4.4.20 所示。

图 4.4.20　“合并计算”对话框

（2）在“函数”下拉列表框中选择“求和”选项。

（3）单击“引用位置”文本框右侧的选择单元格按钮，选择工作表“第一销售处”中的 B2:E10 单元格区域作为第一个要合并的源数据区域，单击【添加】按钮，将引用位置添加到“所有引用位置”列表框中。

（4）按上一步中的操作方法一次添加“第二销售处”中的 B2:E10 单元格区域和“第

三销售处"中的 B2:E10 单元格区域和区域到"所有引用位置"列表框中。

（5）在"标签位置"选项组中选中"首行""最左列"复选框,单击【确定】按钮即可完成对 3 个数据表的合并,结果如图 4.4.21 所示。

图 4.4.21　数据合并结果

在"合并计算"工作表中将显示如图 4.4.21 所示的合并计算结果,由于对文本数据无法实现合并,所以"月份"字段为空。可以删除"月份"数据列,在 A2 单元格补写"商品名称",并适当美化"合并计算",操作结果如图 4.4.22 所示。

辰龙公司第一季度销售统计表		
商品名称	单价（元）	销售数量（台）
索尼-EA35	¥23,750.00	411
联想-Y460	¥33,745.00	408
华硕-A42	¥31,888.00	453
惠普-CQ42	¥26,214.00	322

图 4.4.22　合并计算结果示意图

任务五　销售统计的图表分析

Excel 2010 中的图表可以生动地说明数据报表中数据的内涵,形象地展示数据间的关系,直观清晰地表达数据的分析处理情况。

一、任务描述

为了了解目前公司商品的销售情况,领导要求小张完成今年上半年商品销售分析报告。小张决定使用 Excel 2010 中的图表实现对销售数据的分析,为此,他使用簇状柱形图比较各类商品每个月的销售情况,如图 4.5.1 所示;用堆积柱形图显示某种商品（如惠普 CQ42）月销售额占月合计销售额中的比例,同时比较各公司月销售情况,如图 4.5.2 所示。

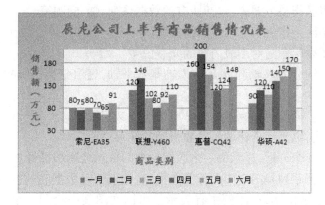

图 4.5.1　簇状柱形图效果图

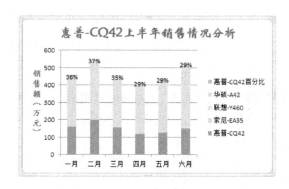

图 4.5.2　堆积柱形图效果图

二、任务分析

本工作要求利用 Excel 2010 中的图表形象直观地反映辰龙公司上半年的商品销售情况。完成本项工作任务,需要进行以下操作。

1. 创建图表

由于 Excel 2010 内置了大量的图表类型,所以需要根据查看数据的特点来选择不同类型的图表。例如:要查看数据变化趋势可以使用折线图,要进行数据大小对比可以使用柱形图,要查看数据所占比例可以使用饼图等。

2. 设计和编辑图表

为了使图标更加立体、直观,一般都要对图表进行二次修改和美化。图标的编辑是指对图表的各元素进行格式设置,需要在各个对象(图表元素)的格式对话框中进行设置。

三、必备知识

1. 认识图表

图表的基本组成包括以下几部分。

图表区:图表区指整个图表,包括所有的数据系列、轴、标题等。

绘图区:绘图区是指由坐标轴包围的区域。

图表标题:图表标题是对图表内容的文字说明。

坐标轴:坐标轴分为 X 轴和 Y 轴。X 轴是水平轴,表示分类;Y 轴通常是垂直轴,包含数据。

横坐标轴标题:横坐标轴标题是对分类情况的文字说明。

纵坐标轴标题:纵坐标轴标题是对数值轴的文字说明。

图例:图例是一个方框,显示每一个数据系列的标识名称和符号。

数据系列:数据系列是图表中的相关数据点,他们源自数据表的行和列,每个数据系列都有唯一的颜色或图案,在图例中有表示。可以在图表中绘制一个或多个数据系列。饼图只有一个数据系列。

数据标签:数据标签用来标示数据系列中数据点的详细信息,它在图表上的显示是可选的。

2. 创建并调整图表

(1)创建图表

在工作表中选择图表数据,在"插入"选项卡的"图表"组中选择要使用的图表类型即可。默认情况下,图表放在工作表上,如图 4.5.3 所示。

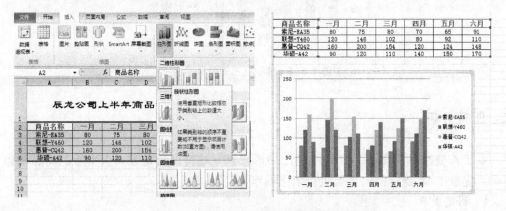

图 4.5.3　选择相应图表类型直接创建图表

如果将图表放在单独的工作表中,可以执行以下操作。

① 选中欲移动位置的图表,此时将显示"图表工具"上下文选项,其上增加了"设计""布局"和"格式"选项卡。

② 在"设计"选项卡的"位置"组中单击"移动图表"按钮,打开"移动图表"对话框,如图 4.5.4 所示。

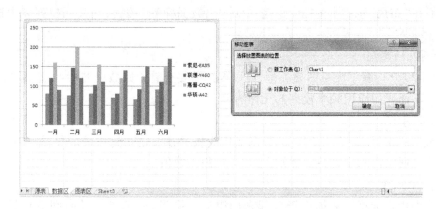

图 4.5.4　"移动图表"对话框

③ 在"选择放置图表的位置"选项组中选中"新工作表",即将创建的图表显示在图表工作表(只包含一个图表的工作表)中;选中"对象位于",则创建嵌入式图表,并位于指定的工作表中。

（2）调整图表大小

调整图表大小方法有以下两种:

① 单击图表,然后拖动尺寸控制点,将其调整为所需大小。

② 在"格式"选项卡的"大小"组中设置"形状高度"和"形状宽度"的值即可。

3. 应用预定义图表布局和图表样式

创建图表后,可以快速向图表应用预定义图表布局和图表样式。

快速向图表应用预定义图表布局的操作步骤:选中图表,在设计选项卡中的"图表布局"组中单击要使用的图表布局。

快速应用图表样式的操作步骤:选中图表,在"设计"选项卡中的"图表样式"组中单击要使用的图表样式。

4. 手动更改图表元素的布局

（1）选中图表元素的方法

① 在图标上单击要选择的图表元素,被选中的图表元素将显示手柄标记。

② 单击图表,在"格式"选项卡的"当前所选内容"组中,单击"图表元素"下拉按钮,然后选择所需的图表元素。

（2）更改图表布局

选中要更改布局的图表元素,在"布局"选项卡的"标签""坐标轴"或"背景"组中选择相应的布局选项。

5. 手动更改图表元素的格式

选中要更改格式的图表元素,在"格式"选项卡的"当前所选内容"组中单击"设置所选内容格式"按钮,打开设置格式对话框,在其中设置相应格式。

6. 添加数据标签

若要向所有数据列的所有数据点添加数据标签,则应单击图表区;若要向一个数据系列的所有数据点添加数据标签,则应单击该数据系列的任意位置;若要向一个数据系列中的单个数据点添加数据标签,则应单击包含该数据点的数据系列后再单击该数据点。然后在"布局"选项卡的"标签"组中单击"数据标签"按钮,在其下拉列表中选择所需的显示项。

7. 图表的类型

Excel 2010 内置了大量图表类型,可以根据需要查看原始数据的特点,选用不同类型的图表。下面介绍应用频率较高的几种图表。

(1) 柱形图

柱形图用于显示一段时间内的数据变化或显示各项之间的比较情况,用柱长表示数值的大小。通常沿水平轴组织类别,沿垂直轴组织数值。

(2) 折线图

折线图用直线将各数据点连接起来而组成的图形,用来显示随时间变化的连续数据,因此可用于显示相等时间间隔的数据变化趋势。

(3) 饼图

饼图用于显示一个数据系列中各项的大小与各项总和的比例。

(4) 条形图

条形图一般用于显示各个相互无关数据项目之间的比较情况,水平轴表示数据值的大小,垂直轴表示类别。

(5) 面积图

面积图强调数量随时间而变化的程度,与折线图相比,面积图强调变化量,用曲线下的面积表示数据总和,可以显示部分与整体的关系。

(6) 散点图

散点图又称 XY 轴,主要用于比较成对的数据,散点图具有双重特性,既可以比较几个数据系列中的数据,也可以将两组数值显示在 XY 坐标系中的同一个系列中。

除上述几种图表外,Excel 还有股价图、曲面图、圆环图、气泡图、雷达图等,分别适用于不同类型的数据。

四、任务实现

1. 创建"辰龙公司上半年商品销售额情况表.xlsx"文件

Excel 2010 中新建工作簿文件"辰龙公司上半年商品销售额情况表.xlsx",依照图4.5.5 输入商品的销售数据表。

辰龙公司上半年商品销售额情况表

商品名称	一月	二月	三月	四月	五月	六月
索尼-EA35	80	75	80	70	65	91
联想-Y460	120	146	102	80	92	110
惠普-CQ42	160	200	154	120	124	148
华硕-A42	90	120	110	140	150	170

图 4.5.5　辰龙公司上半年销售情况表

2. 建立簇状柱形图比较各类商品每个月的销售情况

（1）选择数据源 A2:G6 区域。

（2）在"插入"选项卡的"图表"组中单击"柱形图"下拉按钮,在其下拉列表中选择"二维柱形图"选项组中的"簇状柱形图"命令,将当前工作表生成如图 4.5.6 所示的簇状柱形图。

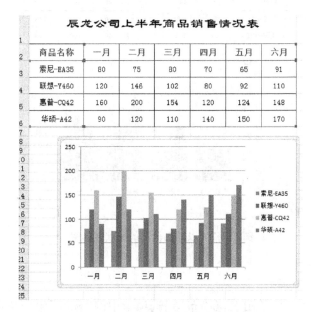

辰龙公司上半年商品销售情况表

商品名称	一月	二月	三月	四月	五月	六月
索尼-EA35	80	75	80	70	65	91
联想-Y460	120	146	102	80	92	110
惠普-CQ42	160	200	154	120	124	148
华硕-A42	90	120	110	140	150	170

图 4.5.6 以月份分类的簇状柱形图

（3）在图表上移动鼠标指针,可以看到指针所指向的图表各个区域的名称,如图表区、绘图区、水平(类别)轴、垂直(值)轴、图例等。

图中的簇状柱形图以月份为分类轴,按月比较各类商品的销售情况。若要以商品的类别为分类轴,统计每类商品的各月销售情况,只需在"图表"区中单击选中图表,此时功能区将出现"图表工具"上下文选项卡,包含"设计""布局""格式"选项卡。

在设计选项卡中的"数据"组中单击"切换行/列"命令,即可交换坐标轴上的数据,生成如图 4.5.7 所示的图表。

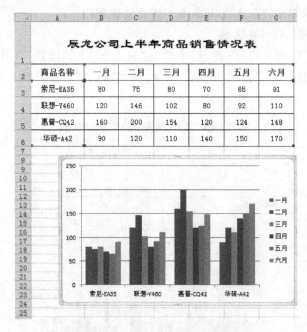

图4.5.7 以商品分类的簇状柱形图

3. 设计图表标签

（1）添加图表的标题

选中如图4.5.5所示的图表，在"布局"选项卡中的"标签"组中单击"图表标题"下拉按钮，在其下拉列表中选择"图表上方"命令，在图表区顶部显示标题。

删除文本框中的指示文字"图表标题"，输入需要的文字"辰龙公司上半年商品销售额情况图表"，再对其进行格式设置，将文字字体格式设置为华文新魏、18磅、加粗、深红色。

（2）添加横坐标轴（分类轴）的标题

选中如图4.5.5所示的图表，在"布局"选项卡中的"标签"组中单击"坐标轴标题"下拉按钮，在其下拉列表中选择"主要横坐标轴标题|坐标轴下方标题"命令，将在横坐标轴下方显示标题。

删除文本框中的提示文字"坐标轴标题"，输入"商品类别"，再对其进行格式设置，将文字字体格式改为楷体、12磅、加粗、红色。

（3）添加纵坐标轴（数值轴）标题

选中如图4.5.5所示的图表，在"布局"选项卡中的"标签"组中单击"坐标轴标题"下拉按钮，在其下拉列表中选择"主要纵坐标轴标题|竖排标题"命令，将竖排显示纵坐标轴标题。

删除文本框中的提示文字"坐标轴标题"，输入"销售额（万元）"，再对其进行格式设置，将文字的字体设置为楷体、12磅、加粗、红色，如图4.5.8所示。

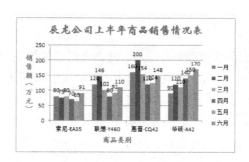

图4.5.8 添加图表标题和分类轴标题

（4）调整图例位置

右击"图例"区，在弹出的快捷菜单中选择"设置图例格式"命令，打开"设置图例格式"对话框。切换到"图例选项"选项卡，设置图例位置为"底部"，单击【关闭】按钮就可以调整图例位置了。利用"设置图例格式"对话框还可以设置图例区域的填充、边框、样式、边框颜色、阴影等多种显示效果。

（5）调整数值轴刻度

右击"垂直（值）轴"，在弹出的快捷菜单中选择"设置坐标轴格式"命令，打开"设置坐标轴格式"对话框，如图4.5.9所示。切换到"坐标轴选项"选项卡，设置坐标轴最小值为30，最大值为210，单击【关闭】按钮，即对坐标轴刻度进行了相应的调整，利用"设置坐标轴格式"对话框还可以设置坐标轴刻度值的数字格式、填充方式、线条颜色和线型等多种显示效果。

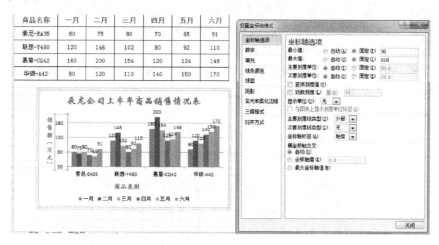

图4.5.9 设置坐标轴对话框

4. 设置图表格式

（1）设置图表区背景

右击图表区，在弹出的快捷菜单中选择"设置图表区域格式"命令，打开"设置图表区格式"对话框。切换到"填充"选项卡，选中"渐变填充"，使用预设颜色"雨后初晴"，设置渐变填充类型为"线性"，方向为"线性向下"，即可完成图标区域的背景设置。利用"设置图标区域格式"对话框还可以设置图表区的边框样式、边框颜色、阴影及三维格式等多种显示效果。

（2）设置绘图区背景

右击绘图区,在弹出的快捷菜单中选择"设置绘图区域格式"命令,打开"设置绘图区域格式"对话框。切换到"填充"选项卡,选中"图片或纹理填充",纹理类型使用"羊皮纸",即可完成绘图区的背景设置。利用"设置绘图区格式"对话框还可以设置绘图区的边框样式、边框颜色、阴影及三维格式等多种显示效果,如图4.5.10所示。

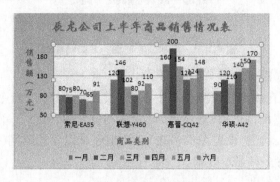

图4.5.10　簇状柱形效果图

至此,就成功地创建了如图4.5.10所示的销售统计图(簇状柱形图)。

5. 建立堆积柱形图

（1）计算各种商品销售额占公司月销售额的百分比

选中"辰龙公司上半年商品销售额情况表",在 A7：A10 单元格中分别输入"索尼 EA35 百分比""华硕 A42 百分比""联想 Y460 百分比""惠普 CQ42 百分比"。

选中 B7 单元格,输入公式"=B3/(B\$3+B\$4+B\$5+B\$6)"求得索尼 EA35 商品 1 月份销售额占公司当月销售额的百分比。

拖动 B7 单元格右下角的填充柄到 G10 单元格,计算出各种商品销售额占当月公司销售额的百分比(设置 B7：G1 单元格格式：数字以百分比格式显示,小数位数为2),补全表格边框线,表格效果如图4.5.11所示。

辰龙公司上半年商品销售额情况表

商品名称	一月	二月	三月	四月	五月	六月
索尼-EA35	80	75	80	70	65	91
联想-Y460	120	146	102	80	92	110
惠普-CQ42	160	200	154	120	124	148
华硕-A42	90	120	110	140	150	170
索尼-EA35百分比	18%	14%	18%	17%	15%	18%
联想-Y460百分比	27%	27%	23%	20%	21%	21%
惠普-CQ42百分比	36%	37%	35%	29%	29%	29%
华硕-A42百分比	20%	22%	25%	34%	35%	33%

图4.5.11　辰龙公司上半年商品销售占比情况表

（2）按月份创建

按住 Ctrl 键分别选中两个不连续的区域 A2：G6 和 A9：G9,在"插入"选项卡的"图表"组中单击"柱形图"下拉按钮,在其下拉列表中选择"二维柱形图"选项组中的"堆积柱形图"命令,将在当前工作表中生成如图4.5.12所示的堆积柱形图。

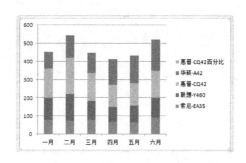

图 4.5.12 以月份分类的堆积柱形图

（3）设置图表标签

在图表区顶部添加图表的标题"惠普－CQ42 上半年销售情况分析"，文字的字体格式设置为华文新魏、18 磅、加粗、深红色。

添加纵坐标轴标题"销售额(万元)"，文字的字体格式设置为楷体、12 磅、加粗、深红色。

（4）调整数据系列排列顺序

选中图表，在"设计"选项卡的"数据"组中单击"选择数据"命令，打开"选择数据源"对话框。

在该对话框的"图例项"选项组中选中"惠普－CQ42"系列，单击两次"下移"按钮，将"惠普－CQ42"系列移至列表底部，单击【确定】按钮返回。此时在图表中，"惠普－CQ42"系列直方块被移动到柱体的底部。

（5）设置各数据系列的格式

右击图表中的"惠普－CQ42"数据系列，在弹出的快捷菜单中选择"设置数据系列格式"命令，打开"设置数据系列格式"对话框。

在"设置数据系列格式"对话框中选择"填充"选项卡，设置数据系列填充方式为"纯色填充"，在"颜色"下拉列表框中选择"深蓝，文字 2，淡色 40％"选项。

用同样的方法设置"联想 Y460""华硕 A42""索尼 EA35"数据系列，其填充方式均为"纯色填充白色，背景 1，深色 15％"。

（6）为"惠普 CQ42 百分比"数据系列添加数据标签

右击图表中的"惠普 CQ42 百分比"数据系列，在弹出的快捷菜单中选择"添加数据标签"命令，即可添加如图 4.5.13 所示相应的数据标签。

拖动数据标签到"惠普 CQ42"系列直方块的上方，并设置"惠普－CQ42 百分比"数据系列的填充方式为"无填充"，使堆积柱形图

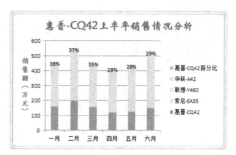

图 4.5.13 添加数据标签

上不显示"惠普－CQ42 百分比"数据系列，图例项可保留或者删除，这里选择删除。

至此，用于比较各月销售额及某种商品(如惠普－CQ42)销售额占销售百分比的堆积柱形图创建完成。

五、课后练习

（1）某社区车主个人收入一览表原始数据如图 4.5.14 所示，创建收入税金对照如 4.5.15 所示。

	A	B	C	D	E	F	G
1		收入一览表					
2	编号	姓名	性别	职业	年龄	年收入	税金
3	粤A100001	钟尔慧	女	医生	30	20023	2002.30
4	粤A100002	李建波	男	工人	50	17141	1028.46
5	粤A100003	张越	男	工人	56	19801	1188.06
6	粤A100004	张宏	男	教师	36	25027	2502.70
7	粤A100005	吴彩霞	女	医生	48	23280	2328.00
8	粤A100006	陈醉	男	医生	51	22743	2274.30
9	粤A100007	黄少峰	男	教师	28	17987	1079.22
10	粤A100008	徐浩明	男	教师	43	26291	2629.10
11	粤A100009	赖晓毅	男	公务员	44	24046	2404.60
12	粤A100010	马甫仁	男	公务员	28	22944	2294.40

图 4.5.14 "某社区车主个人收入一览表"原始数据

按以下要求作图：

① 图表类型为簇状柱形图；

② 图表的数据区域为 B2：B8，F2：F8，G2：G8，系列产生按列；

③ 图表标题为"收入税金对照图"，有图例；

④ 图表嵌入当前工作表中。

（2）根据如图 4.5.16 所示的原始数据，建立一个内嵌的分离型三维饼图，如图 4.5.17 所示。

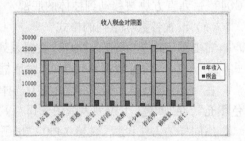

图 4.5.15 收入税金对照图－簇状柱形图

按以下要求作图：

① 以"到期利息"最多的 5 个利息作为数据，建立一个内嵌的分离型三维饼图。

② 图表的数据区域为 F3：F7 和 I3：I7，系列产生按列。

③ 图表标题为"利息比例示意图"。

④ 数据标志为"显示值"。

	A	B	C	D	E	F	G	H	I
1					银行存取表				
2	存期	年利率			帐号	姓名	本金（元）	存期（年）	期利息（元）
3	一年	2.25%			441027882	张 越	80000	1	1440.00
4	三年	2.54%			440161192	丁 秋宜	70000	3	1422.40
5	说明：银行代扣 20%的利息税				441014558	高 展翔	70000	1	1260.00
6					441057896	古 琴	60000	1	1080.00
7					441054530	李 书召	60000	1	1080.00
8					441047868	赵 敏生	50000	1	1016.00
9					441001234	伍 宁	50000	1	900.00
10					441095428	李 文如	40000	3	812.80
11					441041206	冯 雨	40000	1	720.00
12					441034544	王 斯雷	30000	3	609.60
13					441012090	宋 成城	30000	1	540.00
14					441018752	魏 文鼎	20000	3	406.40
15					441078689	王 晓宁	20000	1	360.00
16					441021220	石 惊	10000	1	203.20

图 4.5.16 银行存取表原始数据

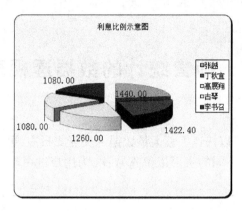

图 4.5.17　银行存取表 – 内嵌的分离型三维饼图

（3）针对如图 4.5.18 所示"风景区旅游人数统计表"中的各项原始数值,建立数据点折线图,如图 4.5.19 所示。

按以下要求作图:

① 建立数据点折线图以显示各个风景区在各个月份的旅游人数,数据系列产生按行;

② 图表标题为"风景区旅游人数统计图";

③ 分类轴标题为"月份";

④ 数值轴标题为"人数",建立的图嵌入在原工作表中。

	A	B	C	D	E
1	风景区旅游人数统计表				
2					
3	风景区	七月	八月	九月	十月
4	花山	5587	4785	3324	2146
5	月光湖	6384	4762	3386	2673
6	滴水岩	4821	3658	2486	1839
7	李家寨	2247	3398	2146	1595
8	长滩公园	3386	6274	3562	2865

图 4.5.18　"风景区旅游人数统计表"原始数据

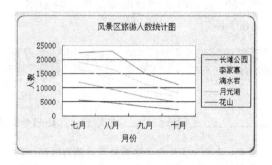

图 4.5.19　风景区旅游人数统计表 – 数据点折线图

任务六　销售统计的数据透视表分析

数据透视表是一种可以快速汇总大量数据的交互式报表，可以通过转换行或列查看源数据的不同汇总，显示不同的页面以筛选数据，为用户进一步分析数据和快速决策提供依据。

一、任务描述

辰龙公司决定对一季度的商品销售情况进行汇总、分析，查看不同销售部门的销售业绩、不同地区不同商品的销售情况和不同购买单位的商品购买能力等，为制订第二季度的商品销售计划做好准备。第一季度公司商品销售情况表如图 4.6.1 所示。

	A	B	C	D	E	F	G	H
1	辰龙公司第一季度商品销售情况表							
2	销售部门	购买单位	地区	商品名称	月份	单价（元）	销售数量（台）	金额（元）
3	第一销售处	绿森数码	济南	索尼-EA35	一月份	¥4,599.00	100	¥459,900.00
4	第一销售处	合纵传媒	菏泽	华硕-A42	一月份	¥4,069.00	75	¥305,175.00
5	第一销售处	广电集团	济南	索尼-EA35	二月份	¥4,599.00	80	¥367,920.00
6	第一销售处	索乐数码	青岛	华硕-A42	二月份	¥4,069.00	102	¥415,038.00
7	第一销售处	大中电器	烟台	华硕-A42	三月份	¥4,069.00	82	¥333,658.00
8	第一销售处	广电集团	济南	索尼-EA35	三月份	¥4,599.00	100	¥459,900.00
9	第二销售处	炫酷科技	威海	联想-Y460	一月份	¥5,799.00	69	¥400,131.00
10	第二销售处	大中电器	烟台	华硕-A42	二月份	¥4,069.00	120	¥488,280.00
11	第二销售处	合纵传媒	菏泽	惠普-CQ42	二月份	¥4,369.00	100	¥436,900.00
12	第二销售处	绿森数码	济南	索尼-EA35	二月份	¥4,599.00	100	¥459,900.00
13	第二销售处	冠华科技	潍坊	惠普-CQ42	三月份	¥4,369.00	70	¥305,830.00
14	第三销售处	海洋集团	日照	华硕-A42	一月份	¥4,069.00	85	¥345,865.00
15	第三销售处	大中电器	烟台	联想-Y460	一月份	¥5,799.00	50	¥289,950.00
16	第三销售处	炫酷科技	威海	联想-Y460	二月份	¥5,799.00	69	¥400,131.00
17	第三销售处	索乐数码	青岛	惠普-CQ42	二月份	¥4,369.00	102	¥445,638.00
18	第三销售处	绿森数码	济南	索尼-EA35	三月份	¥4,599.00	100	¥459,900.00

图 4.6.1　辰龙公司第一季度商品销售情况表

先要根据此表统计以下内容：

(1) 每个月(第一季度的)公司各经销处的商品销售额如图 4.6.2 所示，用图表的形式展示统计结果，如图 4.6.3 所示。

求和项:金额（元）	列标签			
行标签	第一销售处	第二销售处	第三销售处	总计
一月份	765075	400131	635815	1801021
二月份	782958	1385080	845769	3013807
三月份	793558	305830	459900	1559288
总计	**2341591**	**2091041**	**1941484**	**6374116**

图 4.6.2　1—3 月份各销售处商品销售额统计表

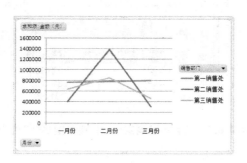

图 4.6.3　1—3 月份各销售处商品销售额统计图表

（2）每个经销处在各个地区的商品销售情况如图 4.6.4 所示，用图表的形式展示统计结果，如图 4.6.5 所示。

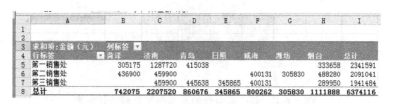

图 4.6.4　1—3 月份各销售处在各地区商品销售额统计表

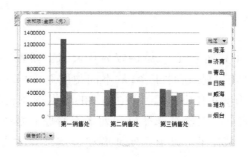

图 4.6.5　1—3 月份各销售处在各地区商品销售额统计图表

（3）各个购买单位的商品购买能力如图 4.6.6 所示，用图表的形式展示统计结果，如图 4.6.7 和图 4.6.8 所示。

图 4.6.6　各购买单位的商品购买金额统计表

	A	B	
1	地区	济南	🔽
2			
3	行标签 🔽	求和项:金额（元）	
4	广电集团	827820	
5	绿森数码	1379700	
6	总计	2207520	
7			

图 4.6.7　济南地区购买单位的商品购买金额统计

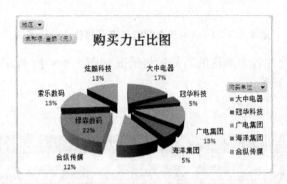

图 4.6.8　各购买单位的商品购买金额统计图表

二、任务分析

本项任务要求对一个数据量较大、结构较为复杂的工作表"辰龙公司一季度的商品销售情况表"进行一系列的数据统计工作,从不同角度对工作表中的数据进行查看、筛选、排序、分类汇总等操作,使用 Excel 2010 中提供的数据透视表工具可以很方便地实现这些功能,在数据透视表中可以通过选择行和列来查看原始数据的不同汇总结果,通过显示不同的页面来筛选数据,还可以很方便地调整分类汇总的方式,灵活地以多种不同方式展示数据的特征。

虽然数据透视表可以很方便地对大量数据进行分析和汇总,但其结果仍然是通过表格中的数据来显示的。Excel 2010 还提供了数据透视图功能,可以更加直观、形象地表现数据的对比结果和变化趋势。

要完成本项工作任务,需要进行以下操作:

（1）创建数据透视表,构建有意义的数据透视表布局。确定数据透视表的筛选字段、行字段、列字段和数据区中数据的运算类型（求和、求平均值、求最大值等）。

（2）创建数据透视图,以更形象、更直观的方式显示和比较数据。

三、必备知识

1. 认识数据透视表的结构

报表的筛选区域（页字段和页字段项）有以下几种。

（1）报表的筛选区域是数据透视表顶端的一个或多个下拉列表,通过选择下拉列表中的选项,可以一次性地对整个数据透视表进行筛选。例如,数据透视表中,"月份"是筛选区域的页字段,并且选择了"三月份"为页字段项,得出了三月份各销售处的商品销售情况统计表。

(2) 行区域(行字段和行字段项)

行区域位于数据透视表的左侧,其中包含具有行方向的字段。每个字段又包含多个字段项,每个字段项占一行。通过单击行标签右侧的下拉按钮,可以在弹出的下拉列表中选择这些项。行字段可以不止一个,靠近数据透视表左边界的行字段称为外部行字段,而远离数据透视表左边界的行字段成为内部行字段。例如,在数据透视表中,"销售部门"和"购买单位"就是行字段,"销售部门"又包含"第一销售处""第二销售处""第三销售处"字段项,"购买单位"又包含"大中电器""广宁集团"等字段项,其中"销售部门"是外部行字段,"购买单位"是内部行字段,首先按"销售部门"中的字段项显示数据,然后再显示这些字段项下的更详细的分类数据(按"购买单位"分类),这说明数据透视表中的数据可以按层级分类。

(3) 列区域(列字段和列字段项)

列区域由位于数据透视表各列顶端的标题组成,其中包括具有列方向的字段,每个字段又包括很多字段项,每个字段项占一列,单击列标签右侧的下拉按钮,可以在弹出的下拉列表中选择这些项。例如,在如图 4.6.9 所示的数据透视表中,"地区"是列字段,"济南""青岛"等是列字段项。

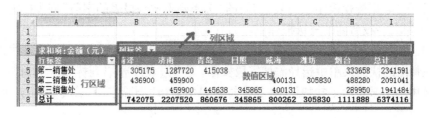

图 4.6.9 数据透视表的结构示意图

(4) 数值区域

在数据透视表中,除去以上三大区域外的其他部分即为数据区域。数值区域中的数据是对数据透视表信息进行统计的主要来源,这个区域中的数据是可以运算的,默认情况下,Excel 对数值区域中的数据进行求和运算。

在数据区域的最右侧和最下方默认显示对行列数据的统计,同时对行字段中的数据进行分类汇总,用户可以根据实际需要决定是否显示这些信息。

2. 为数据透视表准备数据源

为数据透视表中准备数据源时应注意以下问题:

(1) 要保证数据中的每列都包含标题,使用数据透视表中的字段名称含义准确。

(2) 数据中不要有空行、空列,防止 Excel 自动获取数据区域时无法准确判断整个数据源的范围,因为 Excel 将有效区域选择到空行或空列为止。

(3) 数据源中存在空单元格时,尽量用同类型的缺少代表意义的值来填充,如用 0 值填充空白单元格数据。

3. 创建数据透视表

要创建数据透视表,必须确定一个要连接的数据源及输入报表要存放的位置。创建方法:打开工作表,在"插入"选项卡的"表格"组中单击"数据透视表"下拉按钮,在其下拉列表中选择"数据透视表"命令,打开"创建数据列表"对话框。

(1) 选择数据源。若在命令执行前已选定数据源区域或插入点位于数据源区域内某一单元格,则在"请选择要分析的数据"选项组中"表/区域"文本框内将显示数据源区域的引用或通过单击选择单元格按钮在工作表上选择相应的数据源区域。

(2) 确定数据透视表的存入位置。若在命令执行前已选定数据透视表的存放位置,则在"选择放置数据透视表的位置"选项组中选中"现有工作表",则在"位置"文本框内将显示存放位置的地址引用,否则手工输入存入位置的地址引用或单击选择单元格按钮来确定存入位置。若选中"新工作表",则新建一个新工作表以存放生成的数据透视表。

4. 添加和删除数据透视表字段

使用数据透视表查看数据汇总时,可以根据需要随时添加和删除数据透视表字段。添加数据时只要先将插入点定位在数据透视表内,在"数据透视表工具"上下文选项卡的"选项"选项卡的"显示/隐藏"组中单击"字段列表"按钮,打开"数据透视表字段列表"窗格,将相应的字段拖动至"报表筛选""列标签""行标签"和"数值"区域中的任一项即可,如果需要删除某字段,只需要将删除的字段拖出"数据透视表字段列表"窗格即可。

添加和删除数据透视表字段还可以通过以下方法完成:

(1) 在"数据透视表字段列表"窗格的"选择要添加到报表的字段"列表框中,选中或取消选中相应字段名前的复选框即可。

(2) 在"数据透视表字段列表"窗格的"选择要添加到报表的字段"列表框中,右击某字段,在弹出的快捷菜单中选择添加字段操作。在"报表筛选""列标签""行标签"和"数值"区域中单击某字段下拉按钮,在其下拉列表中选择"删除字段"命令即可实现删除字段操作。

5. 值字段汇总方式设置

默认情况下,"数值区域"中的字段通过以下方法对数据透视表中的基础源数据进行汇总:对于数值使用 SUM 函数(求和),对于文本值使用 COUNT 函数(求个数)。

可以更改其数据汇总方式,方法如下:在"数值"区域中单击"被汇总字段"的下拉按钮,弹出相应的下拉列表,如图 4.6.10 所示,选择"值字段设置"命令,打开如图 4.6.11 所示的"值字段设置"对话框。

"值字段设置"对话框中的各项说明如下:

(1) 源名称:是数据源中值字段名称。

(2) 自定义名称:在该文本框中可以自定义值字段名称,否则显示原名称。

(3) 汇总方式:该选项卡提供多种汇总方式以供选择。

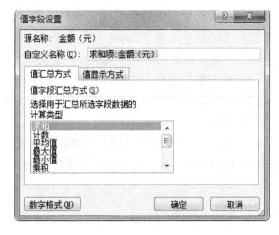

图 4.6.10　"汇总字段"下拉列表　　　**图 4.6.11　值字段对话框**

6. 创建数据透视图

（1）通过数据源直接创建数据透视图

① 打开工作表，在"插入"选项卡的"表格"组中单击"数据透视表"下拉按钮，在其下拉列表中选择"数据透视图"命令后，打开"创建数据透视表及数据透视图"对话框。

② 在"表/区域"文本框中确定数据源的位置。可以选择将数据透视图建立在新工作表中或建立在现有工作表的某个位置，集体位置可以在"位置"文本框中确定。

③ 单击【确定】按钮，将在规定的位置同时建立数据透视表和数据透视图。

（2）通过数据透视表创建数据透视图

单击已存在的数据透视表的任意单元格，在"数据透视表工具"的上下文选项卡的"选项"选项卡的"工具"组中单击"数据透视图"按钮，打开"插入图表"对话框。

在"插入图表"对话框中选择图表的类型和样式，单击【确定】按钮将插入相应类型的数据透视图。

7. 更改数据源

（1）单击数据透视表中的任意单元格，在"数据透视表工具"上下文选项卡的"选项"选项卡的"数据"组中单击"更改数据源"按钮，打开"更改数据透视表数据源"对话框。

（2）在"表/区域"文本框中输入新数据源的地址引用，也可以单击其后的选择单元格按钮来定位数据源。

（3）单击【确定】按钮即可完成数据源的更新。

8. 刷新数据透视表中的数据

数据源中的数据被更新后，数据透视表中的数据不会自动更新，需要用户对数据透视表进行手动刷新，操作方法：

① 单击数据透视表中的任意单元格,打开"数据透视表工具"上下文选项卡。

② 在"选项"选项卡的"数据"组中单击"刷新"按钮。

9. 修改数据透视表中的相关选项

(1) 单击数据透视表中的任一单元格,打开"数据透视表工具"上下文选项卡。

(2) 在"选项"选项卡的"数据透视表"组中单击"选项"按钮,打开"数据透视表选项"对话框。

(3) 在该对话框中对数据透视表的名称、布局和格式、汇总和筛选、显示、打印和数据各选项进行相应设置,以满足个性化要求。

10. 移动数据透视表

(1) 单击数据透视表中的任一单元格,打开"数据透视表工具"上下文选项卡。

(2) 在"选项"选项卡的"操作"组中单击"移动数据透视表"按钮,打开"移动数据透视表"对话框。

(3) 通过该对话框中,可将"移动数据透视表"移动到新工作表中或移动到现有工作表的某个位置,具体可以在"位置"文本框中确定。

四、任务实现

1. 创建数据透视表

(1) 打开"辰龙公司商品销售.xlsx"文件,并选中该数据表中的任意数据单元格。

(2) 在"插入"选项卡"表格"组中单击"数据透视表"按钮,打开"创建数据透视表"对话框。

(3) 在该对话框"请选择要分析的数据"选项组中设定数据源,此时在"表/区域"文本框中已经显示数据源区域;可在"选择放置数据透视表位置"选项组中设置数据透视表放置的位置,选中"现有工作表",单击"位置"文本框后面按钮暂时隐藏"创建数据透视表"对话框,切换到 Sheet2 工作表并选中 A3 单元格后,再次单击该按钮返回到"创建数据透视表"对话框,就可以看到已设置的位置,最后单击【确定】按钮。

(4) 经过以上操作,在 Sheet2 工作表中将显示刚刚创建的空的数据透视表和"数据透视表字段列表"任务窗格,同时在窗体的标题栏中出现"数据透视表工具"上下文选项卡,如图 4.6.12 所示。

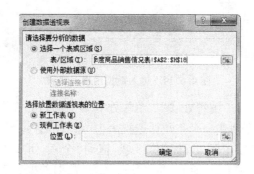

图 4.6.12 空数据透视表及"数据透视表字段列表"任务窗格

2. 设置数据透视表字段,完成多角度数据分析

要统计一、二、三月份各经销处的销售额,可在位于"数据透视表字段列表"窗格上部的"选择要添加到报表的字段"列表框中拖动"月份"字段到下部的"行标签"区域,将"金额(元)"字段拖动到"数值"区域,将"销售部门"字段拖动到"列标签"区域即可,如图4.6.13 所示。

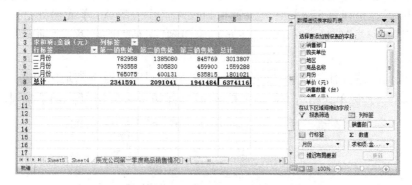

图 4.6.13 统计各销售处 1—3 月份的销售额

此时可以拖动行标签中各项,使各行按月份顺序排列。例如,选中"一月份"单元格A7,当鼠标指针变为十字向箭头形状时,拖动该行到"二月份"单元格上部即可;同理,选中"第一销售处"单元格 D4,当鼠标指针变成十字向箭头形状时,拖动该列到"第二销售处"单元格左侧即可,最终结果如图所示。

单击数据统计表中的任意单元格,在窗体的标题栏中出现了"数据透视表工具"上下文选项卡,切换到"选项"选项卡,在"数据透视表"组中的"数据透视表名称"文本框中输入"数据透视表 1",如图 4.6.14 所示。

图 4.6.14　输入数据透视表名称

（2）要统计公司的第一销售处、第二销售处和第三销售处在各个地区的商品销售情况，只需重复上面的操作创建一个空数据透视表，并将其放置到 Sheet3 工作表的 A3 单元格处。拖动"销售部门"字段到"行标签"区域，拖动"金额（元）"字段到"数值"区域，拖动"地区"字段到"列标签"区域即可，并将其命名为"数据透视表 2"，如图 4.6.15 所示。

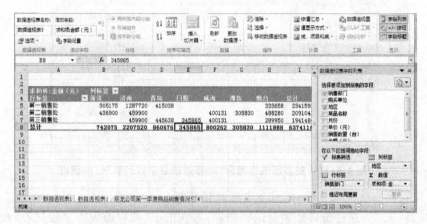

图 4.6.15　统计各销售处在各个地区商品的销售情况

（3）要统计所有购买单位 1—3 月份的商品购买力，或按地区统计购买单位的商品购买力，可以使用数据透视表的筛选功能实现。重复上面的操作，创建一个空数据透视表，命名为"数据透视表 3"，并将其放置到 Sheet4 工作表的 A3 单元格处，拖动"购买单位"字段到"行标签"区域，拖动"金额（元）"字段到"数值"区域，拖动"地区"字段到"报表筛选"区域。

此时列出的是所有购买单位的购买金额数，如果只需查看济南地区的购买单位的购买量，可以单击地区单元格右下侧的下拉按钮，打开如图 4.6.16 所示的下拉列表。

图 4.6.16　统计所有购买单位的商品购买力

选中"选择多项"复选框以允许选择多个对象,然后取消选中"全部"复选框,接着选中"济南"复选框,单击【确定】按钮。设置后效果如图 4.6.17 所示。

图 4.6.17 选择地区

3. 创建数据透视图

(1) 用折线图展示销售业绩

① 打开"辰龙公司商品销售. xlsx"文件,切换到 Sheet2 工作表,单击数据透视表 1 中的任意单元格,在窗体的标题栏中即出现"数据透视表工具"上下文选项卡。

② 在"数据透视表工具"上下文选项卡的"选项"选项卡的"工具"组中单击"数据透视图"按钮,打开"插入图表"对话框。

③ 执行"折线图|折线图"命令选择样式,单击【确定】按钮,将插入相应类型的数据透视图,同时打开"数据透视图筛选"窗格。

④ 将数据透视图拖动到合适位置,进行格式设置。设置数据透视图格式的方法与设置常规图表的方法一致。例如,设置图标区域的格式、设置图表绘图区域的格式等,此数据透视图中可以添加图表标题"1—3 月份商品销售业绩",添加垂直坐标轴标题"销售金额(元)",设置垂直坐标轴的格式(数值显示单位设置为百万,在图表上显示刻度单位标签,最小刻度值为 250000),图例显示在数据表的底部。设置数据透视图格式后的最终显示效果如图 4.6.18 所示。

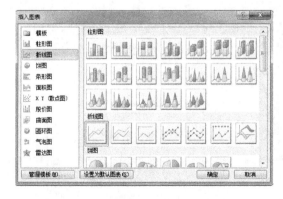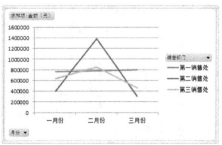

图 4.6.18 选择地区

（2）用柱形图实现商品销售量的比较

① 打开"辰龙公司商品销售.xlsx"文件,,切换到 Sheet3 工作表,单击数据透视表 2 中的任意单元格,在窗体的标题栏中即出现"数据透视表工具"上下文选项卡,在其中"选项"选项卡的"工具"组中单击数据透视图按钮,打开"插入图表"对话框。

② 执行"柱形图|簇状柱形图"命令选择样式,单击【确定】按钮,将插入相应类型的数据透视图。

③ 将数据透视图拖动到合适位置,进行格式设置。此数据透视图中,要求添加图表标题"1—3 月地区销售情况对比",添加垂直轴标题"销售金额(元)",将图例显示在数据透视图的底部等,设置数据透视图格式后最终显示效果如图 4.6.19 所示。此图表反映的是辰龙公司各经销商在 4 个地区(菏泽、济南、青岛、日照)的销售情况对比。

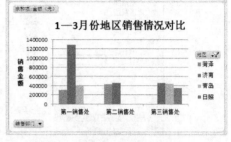

图 4.6.19　簇状柱形图显示 1—3 月份 4 地区销售情况对比

④ 若要使用数据透视图反映不同的数据,可以在"数据透视图筛选"窗格和"数据透视表字段列表"窗格中选择所需设置的字段。选择"数据透视视图"上下文选项的"分析"选项卡,在"显示/隐藏"组中单击"字段列表"按钮和"数据透视表字段列表"窗格和"数据透视图筛选窗格"。

在"数据透视图筛选窗格"中单击"图例字段(系列)"下拉列表框的下拉按钮,对地区进行筛选,如只选择"济南"和"青岛",则数据透视图的显示结果如图 4.6.20 所示。

如果把"数据透视表字段列表"窗格中的"轴字段(分类)"区域中的销售部门字段改成"商品名称"字段,将"图例字段(系列)"区域

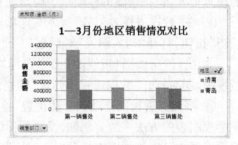

图 4.6.20　簇状柱形图显示 1—3 月份 2 地区销售情况对比

设置为空,将"金额(元)"字段拖动到"数值"区域,数据透视图就可以显示各种商品的销售情况对比,如图 4.6.21 所示。

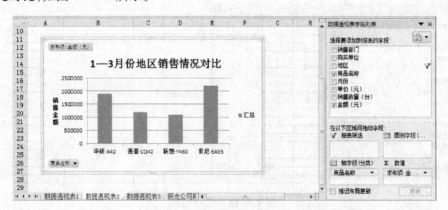

图 4.6.21　利用"数据透视表字段列表"窗格选择统计字段

（3）使用饼图实现消费者商品购买力的统计

① 打开"辰龙公司商品销售. xlsx"文件,切换到 Sheet4 工作表,单击"数据透视表 3"中的任意单元格,在"数据透视表工具"上下文选项卡的"工具"组中单击"数据透视图"按钮,打开"插入图表"对话框。

② 执行"饼图I三维饼图"命令选择样式,单击【确定】按钮插入相应类型的数据透视图。

③ 将数据透视图拖动到合适位置,进行格式设置。此数据透视图中要求添加图表标题"购买力占比图",添加数据标签,数据标签包含"类别名称"和"百分比",标签位置选择最佳匹配。此时数据透视图最终显示效果如图 4.6.22 所示,此图表显示了所有购买单位的商品购买金额比例。

图 4.6.22　所有购买单位的商品购买金额比例

项目五

PowerPoint 2010 演示文稿软件

> **➤ 项目概述**

　　本项目包含了3个操作任务,通过完成这些任务,可以学会演示文稿的创建与修饰,包括在演示文稿中插入和编辑文字、图片、图形、表格等元素,以及演示文稿动画效果和超链接设置。

> **➤ 学习目标**

　　◇ 熟练地进行演示文稿的创建、编辑、保存、浏览、退出。
　　◇ 熟练地进行幻灯片的插入、复制、删除、移动等操作。
　　◇ 熟练地对演示文稿页面外观进行修饰美化。
　　◇ 熟练地在幻灯片中添加文本和图片、图形等对象。
　　◇ 熟练地设置幻灯片动画方案、幻灯片切换效果及超链接。
　　◇ 熟练地设置演示文稿的放映方式、打印与打包。

任务一　我的职业生涯规划
——PowerPoint 2010 的基本操作

一、任务描述

　　本任务通过制作一个简单演示文稿,让使用者了解 PowerPoint 2010 的工作界面,掌握演示文稿的基本操作。通过本任务的学习,学生可以了解 PowerPoint 2010 的工作窗口及组成部分,了解创建演示文稿的制作流程。制作完成后的演示文稿如图 5.1.1 所示。

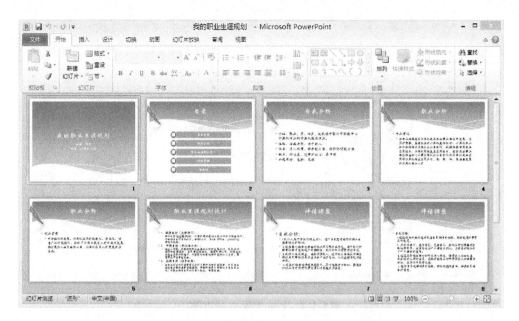

图 5.1.1 "我的职业生涯规划"演示文稿浏览视图

二、知识解析

(一) PowerPoint 2010 的启动和退出

1. PowerPoint 2010 的启动有 4 种常用方法

（1）双击 PowerPoint 2010 桌面快捷图标。

（2）单击"开始|所有程序|Microsoft office| Microsoft PowerPoint 2010"。

（3）单击"开始|运行"，在"运行"对话框的"打开"框中输入"powerpoint. exe"，然后单击【确定】按钮。

（4）双击任意一个 PowerPoint 2010 文档图标。

2. PowerPoint 2010 的退出方法与 Word 2010 类似

（1）单击 PowerPoint 2010 窗口中标题栏最右端的"关闭"按钮 ▣。

（2）双击 PowerPoint 2010 窗口中标题栏最左端的控制菜单图标 ▣。

（3）单击标题栏最左端的控制菜单图标 ▣，再单击其中的"关闭"命令。

（4）使用快捷键【Alt + F4】。

(二) 认识 PowerPoint 界面

PowerPoint 2010 启动后，出现如图 5.1.2 所示的窗口，主要包括与 Excel 2010 类似的标题栏、菜单栏、工具栏、状态栏和任务窗格等，还有 PowerPoint 特有的幻灯片窗格、大纲与幻灯片缩略窗格等。

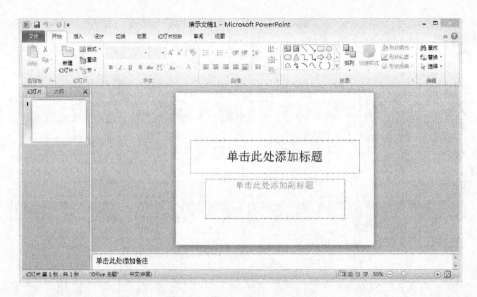

图 5.1.2　PowerPoint 2010 窗口

（三）新建、打开、保存和关闭演示文稿

1. 新建空白演示文稿

PowerPoint 2010 中新建空白演示文稿有以下几种方法：

（1）在启动 PowerPoint 2010 后，将自动建立一个空白的演示文稿（见图5.1.3）。

（2）选择"文件"菜单中的"新建"命令来创建空白的演示文稿。

图 5.1.3　新建窗口

（3）按快捷键【Ctrl＋N】直接创建空白演示文稿。

（4）在桌面的空白处单击鼠标右键。在弹出的快捷菜单中执行"新建｜ Microsoft PowerPoint 演示文稿"命令，就会在桌面上创建一个空白演示文稿文件。

2. 打开演示文稿

打开一个已经保存过的演示文稿，可以用以下方法的任意一种：

（1）使用"文件"菜单中的"打开"命令。

（2）在"文件"菜单中单击"最近所用文件"，在显示的"最近使用的演示文稿"中选择相应的演示文稿。

（3）在"计算机"或者资源管理器中找到需要打开的演示文稿并双击。

PowerPoint 2010 允许同时打开多个演示文稿。可以在不关闭当前演示文稿的情况下打开其他演示文稿，也可以在不同演示文稿之间进行切换，同时对多个演示文稿进行操作。

3. 保存演示文稿

演示文稿建立、编辑完成后，要将它保存在磁盘上，以便以后使用。可采用以下方法保存演示文稿。

（1）保存未命名的新演示文稿

可执行"文件 | 保存/另存为"命令，或者按快捷键【Ctrl + S】，在弹出的"另存为"对话框中，确定保存位置和文件名后，单击【保存】按钮。

（2）保存已有的演示文稿

可执行"文件 | 保存"菜单命令，或者直接单击快速访问栏中的"保存"按钮 🔚 。

如果要将修改后的演示文稿存为另一个文件，则需选择"文件"菜单中的"另存为"命令，在弹出的"另存为"对话框中，确定保存位置和文件名后，单击【保存】按钮。

（3）保存自动恢复信息

PowerPoint 2010 可以自动保存演示文稿，最大限度恢复因突然断电造成的信息丢失。方法是单击"文件"菜单中的"选项"命令，弹出"PowerPoint 选项"对话框，单击"保存"子选项，确定有关选项即可，如图 5.1.4 所示。

若没及时保存，在退出 PowerPoint 2010 或关闭当前演示文稿时，系统会弹出提示"是否保存"的对话框，单击【是】。

图 5.1.4　选项对话框

4. 关闭演示文稿

对演示文稿操作完成后,需要关闭演示文稿,可以使用以下几种方法:

(1) 如果只想关闭当前的演示文稿,而不是关闭整个程序,则可执行"文件 | 关闭"命令。

(2) 在当前演示文稿处于最大化时,单击当前演示文稿标题栏最右端的"关闭"按钮。

(3) 使用退出 PowerPoint 2010 的方法。

(四) PowerPoint 2010 的视图窗口

PowerPoint 2010 提供了多种视图模式以编辑查看幻灯片,在工作界面下方单击视图切换按钮中的任意一个,即可切换到相应的视图模式。

1. 普通视图

普通视图是 PowerPoint 打开之后默认显示的视图方式,如图 5.1.5 所示。在普通视图中可以同时显示幻灯片编辑区、"幻灯片/大纲"窗格及备注窗格。它主要用于调整演示文稿的结构及编辑单张幻灯片中的内容。

2. 幻灯片浏览视图

单击视图切换工具栏中的"幻灯片浏览视图"按钮 ⊞,即可进入如图 5.1.6 所示幻灯片浏览视图。在此视图中可以观看演示文稿中的整体结构和效果,也可以方便地对幻灯片的版式和结构进行修改,如插入、删除、移动、复制等操作,但不能对单张幻灯片的具体内容进行编辑。

图 5.1.5　普通视图

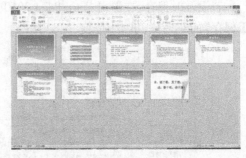

图 5.1.6　幻灯片游览视图

3. 幻灯片放映视图

单击视图切换工具栏中的"幻灯片放映视图"按钮 ⬛,切换到幻灯片放映视图,如图 5.1.7 所示。在此视图中可以观看到幻灯片的全貌、设置的各种放映效果。该模式主要用于预览幻灯片在制作完成后的放映效果,以便及时对放映过程中不满意的地方进行修改。

4. 阅读视图

单击"阅读视图"按钮,即可进入阅读视图显示模式(见图 5.1.8)。该视图仅显示标题栏、阅读区和状态栏,主要用于浏览幻灯片的内容。在该模式下,演示文稿中的幻灯片将以窗口大小进行放映。

图5.1.7 幻灯片放映视图 　　　　　　　　图5.1.8 阅读视图

5. 备注页视图

要切换到备注页视图,可以执行"视图 | 演示文稿视图 | 备注页"命令。在此视图中幻灯片编辑区被分为上下两个部分,上方是缩小的幻灯片显示效果,下方是幻灯片备注信息输入显示区域。

(五) 编辑幻灯片

1. 新建幻灯片

演示文稿由多张幻灯片组成,用户可以根据需要在演示文稿的任意位置新建幻灯片。

方法一:"开始"选项卡→"幻灯片"组→新建幻灯片,如图5.1.9所示。

图5.1.9 使用选项卡按钮创建幻灯片

方法二:选中任意幻灯片,单击鼠标右键,或者在"幻灯片/大纲"窗格的空白处单击鼠标右键,在弹出的快捷菜单中单击"新建幻灯片"命令,如图5.1.10所示。

图5.1.10　使用右键创建幻灯片

方法三：在"幻灯片/大纲"窗格中直接点击键盘上的 Enter 键。

2. 选择幻灯片

在普通视图的"幻灯片/大纲"窗格中，选择"幻灯片"窗格，如果要选择单张幻灯片，就用鼠标点击这张幻灯片的缩略图；如果选择多张连续的幻灯片，可以先单击第一张要选择的幻灯片，按住 Shift 键的同时再单击最后一张要选择的幻灯片缩略图；如果要选择多张不连续的幻灯片，可以按住 Ctrl 键，再单击要选择的幻灯片缩略图。用此方法，也可以在"大纲"或幻灯片浏览视图中选择幻灯片。

3. 删除幻灯片

在"幻灯片/大纲"窗格中，选择"幻灯片"窗格，选定要删除的幻灯片，然后按键盘上的 Delete 键；或右击鼠标，单击快捷菜单中的"删除幻灯片"命令即可。

4. 复制幻灯片

（1）在本文档中复制幻灯片

选中要复制的幻灯片，右击鼠标，在快捷菜单中选择"复制幻灯片"命令，即会在当前幻灯片之后自动复制一张与当前幻灯片完全相同的幻灯片，如图5.1.11所示。

（2）在不同文档间复制幻灯片

图5.1.11　复制幻灯片

在某一文档中选中幻灯片，单击鼠标右键，在快捷菜单中选择"复制"命令，在另一文档的合适位置右击，在"粘贴选项"中选择合适的选项，如图5.1.12所示。

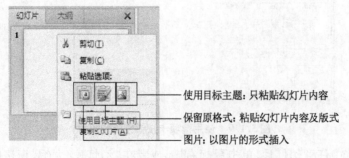

图5.1.12　粘贴选项

5．移动幻灯片

移动幻灯片可以用"剪贴板"命令组中的"剪切""粘贴"按钮来完成，其操作步骤与复制幻灯片相似。

另一种快速移动幻灯片的方法是：在幻灯片浏览视图状态下，选定要移动的幻灯片，按住鼠标左键，拖动幻灯片到需要的位置，松开鼠标左键即可。

6．隐藏幻灯片

如果在幻灯片放映时不想播放某张幻灯片，但又不想把它删除，可以把这张幻灯片隐藏起来。操作方法：在幻灯片浏览视图状态下，单击要隐藏的幻灯片，然后单击"幻灯片放映"选项卡"设置"命令组中的"隐藏幻灯片"按钮，这时幻灯片右下角的编号变成状，表明该幻灯片被隐藏起来了。

取消隐藏的方法：选定要取消隐藏的幻灯片，然后单击"隐藏幻灯片"按钮。

（六）在幻灯片中添加文本、图片、图形等对象

在幻灯片中适当地添加文本、图片等对象可以使演示文稿内容更丰富，更具有吸引力。

1．为幻灯片添加文本

（1）制作标题幻灯片

新建演示文稿时，系统会自动创建一张标题幻灯片，其默认版式为"标题幻灯片"。

标题幻灯片中有两个占位符，在占位符中单击，出现插入点光标后，输入演示文稿的标题和副标题文本，输入完成后，单击占位符外任意位置。

（2）使用文本框在幻灯片中插入文本

除了可以直接在占位符中输入文字外，还可以使用文本框插入文字，方法：单击"插入"选项卡"文本"命令组中"文本框"按钮下方的，在打开的下拉列表中选择横排文本框(H)或垂直文本框(V)命令，将鼠标指针移到幻灯片中，按住左键拖出一个适当大小的框，当松开左键时就插入了一个文本框。文本框中有一个闪烁的插入点光标，这时就可以输入文字了。

（3）移动或复制幻灯片中的文本

移动和复制幻灯片中的文本的方法与在 Word 中的操作基本相同，只是需要区分移动或复制的是整个文本框还是其中的部分文字。如果移动或复制整个框，在选择时要单击文本框的边框，选中整个框；否则只需要选择框中的文字即可。

2．格式化幻灯片中的文本

（1）设置文字格式

设置幻灯片中文字格式的方法：在幻灯片占位符中单击，按住鼠标左键拖动选定要改变格式的文字，然后选择"开始"选项卡字体功能组的相应按钮，如图 5.1.13 所示，可以设置文字的字体、字形、字号、颜色及某些特殊效果。

需要注意的是，PowerPoint 2010 中字体的设置与 Word 相似，只是字体的修饰少了。但相对于以前的版本增加了调整字符间距的功能，如图 5.1.14 所示。

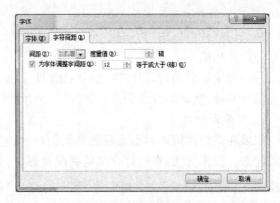

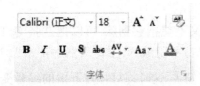

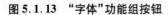

图 5.1.13 "字体"功能组按钮　　　　图 5.1.14 "字体"对话框

（2）设置段落格式

① 设置段落的缩进格式。单击"视图"选项卡"显示"命令组中的⬜ 标尺，幻灯片编辑区中就会显示标尺。在幻灯片编辑区中选中要设置缩进格式的段落后，水平标尺上就会出现缩进标记。缩进标记的含义与 Word 中的相同，可以通过拖动这些缩进标记来设置段落的左缩进、右缩进和首行缩进。

② 设置段落的行距和段前、段后间距。选中欲设置格式的段落，点击"开始"选项卡中"段落"功能组右下角按钮🔲，打开"段落"对话框，如图 5.1.15 所示。在"对齐方式"框中可设置段落的对齐方式，在"缩进"栏中可以设置段落的缩进格式，在"段前"和"段后"框中可以分别设置段落与段落之间的距离，在"行距"框中可以设置段落中行与行之间的距离。设置好后单击【确定】按钮。

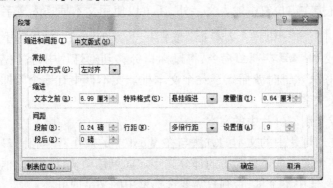

图 5.1.15 "段落"对话框

③ 设置段落的对齐方式。段落对齐方式指的是段落在文本占位符中的对齐位置，共有 5 种对齐方式：左对齐▤、居中▤、右对齐▤、两端对齐▤、分散对齐▤。段落对齐方式的设置与 Word 中的相关操作相同：首先选定要设置的段落，再单击"开始"选项卡"段落"命令组中的"对齐方式"按钮，就可以设置该段落的对齐方式。

（3）使用项目符号和编号

在幻灯片中使用项目符号和编号，可以使文本具有清晰的层次结构。默认的项目符号是一个圆点，套用主题样式后项目符号的样式就会发生改变。可以添加或改变项目符号的样式，操作方法如下：

选定要改变项目符号的段落,单击"开始"选项卡"段落"命令组中"项目符号"按钮 三▾ 右侧的 ▾,在打开的下拉列表中可以选择需要的项目符号,单击"无"可以取消段落中的项目符号。单击下拉列表中的 三 项目符号和编号(N)… ,打开如图5.1.16所示"项目符号和编号"对话框,可以进一步设置项目符号的样式。在"项目符号"选项卡中提供了7种项目符号,选择了一个项目符号后,还可以在"大小"框中调整项目符号的大小,在"颜色"下拉列表中更改项目符号的颜色。设置好后单击【确定】按钮。

图5.1.16　项目符号和编号

如果想设置更好看的项目符号,可在"项目符号和编号"对话框中单击【图片】按钮,打开"图片项目符号"对话框。这个对话框中提供了很多可以用作项目符号的图片,单击其中的一个后再单击【确定】按钮即可。

3. 在幻灯片中使用对象

(1) 使用图片、公式、图表、艺术字和形状

在幻灯片中适当地插入一些图片、公式、图表、艺术字和形状,可以美化幻灯片并增强演示效果。具体做法:首先选定要插入对象的幻灯片,使其成为当前幻灯片,然后点击"插入"选项卡,选择"图像"功能组中的"图片" 、"剪贴画" ,"插图"功能组中的"图表" 、"形状" ,"文本"功能组中的"艺术字" ,"符号"功能组中的"公式" ,就可以分别插入来自文件的图片、剪贴画、图表、形状、艺术字和公式。由于这些对象的插入、调整等操作方法与在Word中的操作方法基本相同,不再赘述。

(2) 使用表格

选定要插入表格的幻灯片,单击"插入"选项卡"表格"功能组中的"表格"按钮 ,在弹出的"插入表格"下拉列表中拖动鼠标选择表格的行列数即可在幻灯片中插入表格。对于表格的设置操作与Word中的相应操作方法基本相同,不再赘述。

三、操作步骤

(1) 启动PowerPoint 2010,系统会自动创建一个空白的演示文稿。

(2) 执行"文件|保存"命令,打开"另存为"对话框,将本例保存在D盘并输入文件名为"我的职业生涯规划","保存类型"框中显示了默认的保存类型"PowerPoint演示文稿(∗.pptx)",然后单击【保存】按钮保存演示文稿。

(3) 默认情况下,第1张幻灯片应用的是"标题幻灯片"版式,在"单击此处添加标题"的文本框中输入"我的职业生涯规划";在"单击此处添加副标题"的文本框中输入"姓名:张三,班级:计算机一班",如图5.1.17所示。

图 5.1.17　标题幻灯片

（4）单击"开始"选项卡中的"幻灯片"功能组中的"新建幻灯片"按钮的上半部分，创建默认的"标题和内容"版式幻灯片，如图 5.1.18 所示。

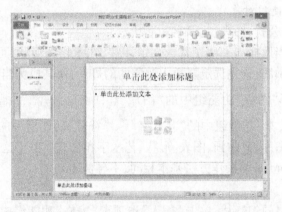

图 5.1.18　默认新建幻灯片

（5）在标题处输入文字"目录"，在内容区选择第一行最后一个选项"插入 SmartArt 图形"，弹出"选择 SmartArt 图形"对话框。

（6）单击"图片"子选项，在选项中选择"垂直图片重点列表"项，如图 5.1.19 所示。

（7）单击【确定】按钮，将 SmartArt 图形插入幻灯片中，如图 5.1.20 所示。

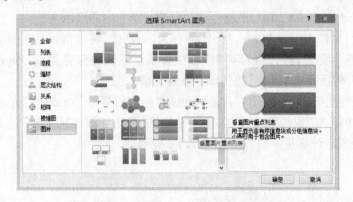

图 5.1.19　"选择 SmartArt 图形"对话框

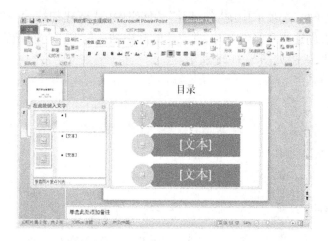

图 5.1.20 SmartArt 图形插入幻灯片

（8）依次将文字录入，将图片插入图标位置，最终效果如图 5.1.21 所示。

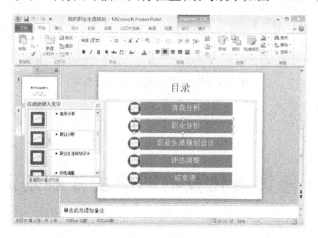

图 5.1.21 目录页幻灯片

（9）重复步骤 4，依次新建第 3～8 张幻灯片，幻灯片内容如图 5.1.22 所示。

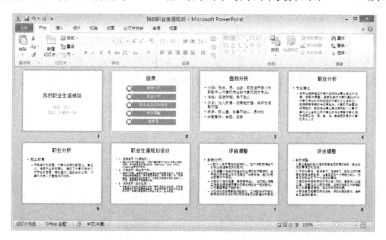

图 5.1.22 内容幻灯片

（10）单击"开始"选项卡中的"幻灯片"功能组中的"新建幻灯片"按钮的下半部分,选择"空白"版式,创建第9张幻灯片,并在幻灯片中插入艺术字"业,精于勤,荒于嬉;行,勤于思,毁于随!",效果如图5.1.23所示。

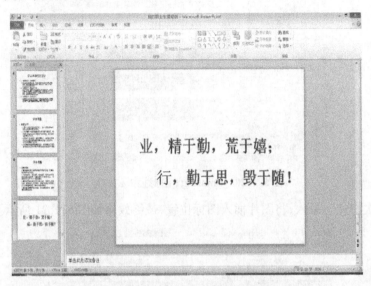

图5.1.23　空白幻灯片插入艺术字

（11）保存演示文稿。

任务二　修饰美化我的职业生涯规划演示文稿

一、任务描述

好的配色和版式能增强演示文稿的表现力,适当修饰美化也是制作成功的演示文稿的必要条件。本任务是在任务一的基础上利用"幻灯片版式"和"幻灯片设计"对已制作好的幻灯片再进一步美化修饰。制作完成后的演示文稿如图5.2.1所示。

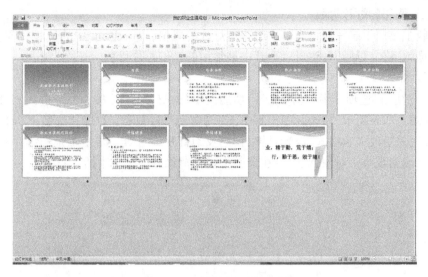

图 5.2.1　我的职业生涯规划

二、知识解析

（一）设置幻灯片背景

幻灯片的背景既可以是纯色,也可以是渐变色、图案、纹理或图片,应根据演示文稿的内容和主题设置背景。设置方法如下:

打开演示文稿,选择要设置背景的幻灯片,点击"设计"选项卡中"背景"功能组中的 背景样式 按钮,在打开的下拉列表中单击 设置背景格式(B)... ,弹出如图 5.2.2 所示的"设置背景格式"对话框,在对话框中根据需要完成相应设置,在幻灯片编辑区中会随时显示所设置的效果。如果对效果满意,单击图 5.2.2 中的【关闭】按钮,则设置的背景效果只应用到当前幻灯片中;若单击【全部应用】按钮,所设置的背景效果将应用到演示文稿的所有幻灯片中;单击【重置背景】按钮,可取消当前设置的背景效果。

图 5.2.2　"设置背景格式"对话框

(二) 使用幻灯片母版

母版主要用于统一演示文稿中每张幻灯片的风格,PowerPoint 中的母版有 3 种类型:幻灯片母版、讲义母版、备注母版。其中最常用的是幻灯片母版。

1. 幻灯片母版

单击"视图"选项卡中"母版视图"功能组中"幻灯片母版"按钮，进入幻灯片母版视图,如图 5.2.3 所示,功能区中出现"幻灯片母版"选项卡。幻灯片母版上有 5 个占位符,分别用来更改文本格式、设置页脚、日期及幻灯片编号等。要使每张幻灯片都具有相同的背景或出现某个对象,就可以在母版中设置背景或向母版中插入对象。

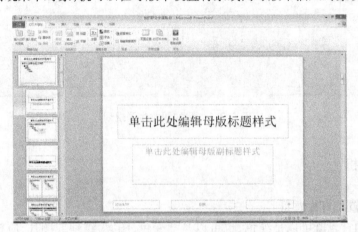

图 5.2.3　幻灯片母版视图

2. 讲义母版

单击"视图"选项卡"母版视图"功能组中的"讲义母版"按钮，可进入讲义母版视图,功能区中出现"讲义母版"选项卡,可以在该母版中添加或修改在每一页讲义中出现的页眉或页脚信息、改变每页显示的幻灯片数量等。

3. 备注母版

单击"视图"选项卡"母版视图"功能组中的"备注母版"按钮，可进入备注母版视图,功能区中出现"备注母版"选项卡,在该母版中可修改备注页的版式和格式。

(三) 模板与主题

在制作演示文稿的过程中,使用模板或应用主题,不仅可提高制作演示文稿的速度,还能为演示文稿设置统一的背景、外观,使整个演示文稿风格统一。

1. PowerPoint 模板与主题的区别

模板是一张幻灯片或一组幻灯片的图案或蓝图,其后缀名为. potx。模板可以包含版式、主题颜色、主题字体、主题效果和背景样式,甚至还可以包含内容。而主题是将设置好的颜色、字体和背景效果整合到一起,一个主题只包含这 3 个部分。

PowerPoint 模板和主题的最大区别:PowerPoint 模板包含多种元素,如图片、文字、图形、表格、动画等,而主题中则不包含这些元素。

2. 创建与使用模板

（1）创建模板

创建模板就是将设置好的演示文稿另存为模板文件。其方法：打开设置好的演示文稿，执行"文件｜保存并发送｜更改文件类型"命令，双击"模板"选项，打开"另存为"对话框，选择模板的保存位置，单击【保存】按钮即可。

（2）使用自定义模板

在使用自定义模板前，需将创建的模板复制到默认的"我的模板"文件夹中。使用自定义模板的方法：执行"文件｜新建"命令，在"可用的模板和主题"栏中单击"我的模板"按钮，打开"新建演示文稿"对话框，在"个人模板"选项卡中选择所需的模板，单击【确定】按钮。

3. 为演示文稿应用主题

在 PowerPoint 2010 中预设了多种主题样式，用户可根据需要选择所需的主题样式，这样可快速为演示文稿设置统一的外观。其方法：打开演示文稿，单击"设计"选项卡，在"主题"功能组的列表框中通过单击 ▴ 或 ▾ 按钮向上或向下滚动查找需要的主题样式，或者单击下拉按钮 ▾ ，在弹出的下拉列表中列出了 PowerPoint 提供的各种主题样式，如图5.2.4 所示。将鼠标指针指向某个主题样式，可显示出这个主题样式的名称。单击某个主题样式，就可为演示文稿中的所有幻灯片应用这种主题样式。

图 5.2.4　主题样式列表

三、操作步骤

（1）打开任务一中完成的"我的职业生涯规划"。

（2）设置幻灯片主题：单击"设计"选项卡，在"主题"功能组的列表框中选择"波形"主题。

（3）单击"主题"功能组的右上角的"颜色"按钮，在下拉选项中选择"元素"选项，如图5.2.5 所示。

图 5.2.5　设置主题颜色

　　(4) 为"标题和内容"板式添加一个闪电图标:选择"视图"选项卡中"母版视图"下的"幻灯片母版"按钮,进入母版编辑模式,在左边预览图中找到"标题和内容"版式,如图 5.2.6 所示。

　　(5) 选择"插入"选项卡中"插图"功能组的"形状"按钮,在下拉选项中选择"基本形状"中的"闪电形"形状,在幻灯片左上方绘制"闪电"形状,适当地调整其大小,效果如图 5.2.7 所示。

图 5.2.6　幻灯片母版

图 5.2.7　插入"闪电"形状

　　(6) 选中"闪电"形状,在功能区中单击"格式"按钮,切换到格式设置功能区。选择"形状效果 | 映像 | 紧密映像,4pt 偏移量"及"形状效果 | 发光 | 蓝色,11pt 发光,强调文字颜色 2",如图 5.2.8 所示。

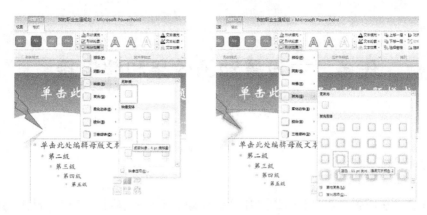

图 5.2.8　设置形状效果

（7）在功能区中单击"幻灯片母版"按钮,切换到幻灯片母版功能区,单击"关闭母版视图",退出母版编辑状态。

（8）选择最后一张幻灯片,使用"插入丨图片"功能,将素材中的图片 2. png 插入幻灯片中。在插入的图片上单击右键,在弹出的菜单中选择"置于底层",将图片放在文字下方,调整图片位置,效果如图 5.2.9 所示。

图 5.2.9　图片置于底层效果图

（9）保存演示文稿,整体效果如图 5.2.10 所示。

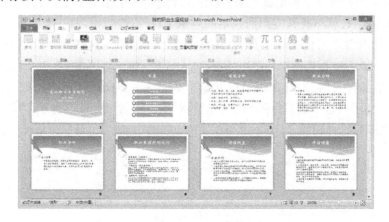

图 5.2.10　整体效果图

任务三　设置动画效果和超链接

一、任务描述

　　任务三是在任务二基础上给幻灯片设置动画效果和超链接。幻灯片动态切换和幻灯片内容的动画效果能使幻灯片的放映更加生动,且更具有吸引力。

二、知识解析

(一)设置幻灯片的动画效果

1．设置动画效果

　　PowerPoint 2010 提供了"进入""强调""退出"和"动作路径"4 种动画类型。

　　"进入":指对象以什么样的动画效果进入画面。

　　"强调":指对象显示后再次出现,起到强调作用的动画效果。

　　"退出":指对象以什么样的动画效果离开画面。

　　"动作路径":指对象沿着已有的或者自己绘制的路径运动的动画效果。

　　设置动画的前提是必须选择幻灯片中需要设置动画效果的对象。对象可以是文本,也可以是图片。操作步骤如下:

　　① 在普通视图的幻灯片编辑区中显示要设置动画的幻灯片,然后选中该幻灯片中欲设置动画效果的对象。

　　② 打开"动画"选项卡,单击"动画"功能组中动画效果列表框的 ▼ 按钮,在弹出的动画效果下拉列表中列出了多种动画效果,如图 5.3.1 所示。

　　③ 将鼠标指针指向某种动画效果,在幻灯片编辑区中会立即显示这种动画的效果。单击某种动画效果,就可将其应用到选定的对象上。

　　"进入"动画效果栏中默认只提供几种动画效果,如果对这些动画效果不满意,可单击列表下方的 ★ 更多进入效果(E)… ,打开"更改进入效果"对话框,如图 5.3.2 所示。在这个对话框中单击某种效果,幻灯片编辑区就会立即显示这种动画的效果,如果满意,单击【确定】按钮,即可将该动画效果添加给选定的对象。设置"强调""退出""动作路径"动画效果时,也都有这种功能。

图 5.3.1　动画效果下拉列表　　　　　　图 5.3.2　"更改进入效果"对话框

④ 单击"动画"功能组右端的"效果选项"按钮，在打开的下拉列表中可以设置动画效果出现的方向和形式，如图 5.3.3 所示。

⑤ 单击"计时"功能组中 开始：单击时 右端的 ，在弹出的下拉列表中选择动画开始的时间，如图 5.3.4 所示。

"开始"下拉列表中各选项的含义："单击时"是指单击鼠标才开始播放当前动画。"与上一动画同时"是指该动画与上一动画对象同时出现。"上一动画之后"是指不需单击鼠标，当上一动画对象结束时此动画自动出现。

⑥ 单击"高级动画"功能组中的 动画窗格 命令，窗口右侧显示"动画窗格"。在"动画窗格"中会依次列出幻灯片中已设置了动画效果的对象，如图 5.3.5 所示。

图 5.3.3　"效果选项"列表　　　图 5.3.4　"开始"下拉列表　　　图 5.3.5　动画空格

标题占位符前出现了一个 0 。0,1,2,3,4 等代表放映幻灯片时动画效果出现的先后次序。标记为"0"的对象会随着幻灯片的播放同时出现，其他标记的对象则需要单击鼠标后才能依次出现。播放时,第 1 次单击出现标记为"1"的对象,第 2 次单击出现标记为"2"的对象,以此类推。如果需要对播放顺序进行调整,可以单击"动画窗格"下方的"重新排序"按钮⬆或⬇,重新排列动画的呈现顺序。

在"动画窗格"中选中某一动画对象,再单击其右侧的▾按钮,可以对该动画进行高级设置,如图 5.3.6 所示。单击"效果"选项,打开动画效果参数设置对话框,图 5.3.7 是"飞入"动画效果的参数设置对话框。在"效果"选项卡中可以设置动画方向、动画播放时的声音和动画播放后的效果等。在"计时"选项卡中,可设置动画播放时的触发方式、速度和重复次数等参数。

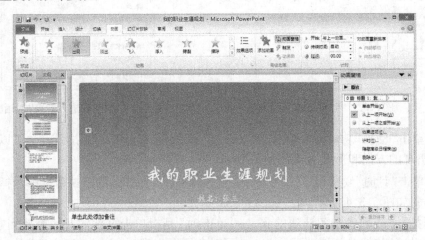

图 5.3.6　动画效果设置列表

图 5.3.7　动画效果参数设置对话框

⑦ 如果对已设置的动画效果不满意,还可以修改。方法:选定要修改动画效果的对象,在"动画"选项卡的"动画"功能组中重新选择动画效果。

⑧ 已设置的动画效果还可以取消。方法:选定要取消动画效果的对象,在"动画"选项卡的"动画"功能组中单击"无";还可以在"动画窗格"中选定要取消动画效果的对象,单击其右侧的▾按钮,在打开的下拉列表中单击"删除"。

2. 使用动画刷复制动画效果

PowerPoint 2010 新增了动画刷功能,通过该功能,可以对动画效果进行复制操作,即将某一对象的动画效果复制到另一对象上,其操作方法与 Word 中的格式刷类似。方法:选中了设置了动画效果的对象,单击"高级动画"命令组中的 动画刷 按钮,鼠标指针变成 形状,再单击要应用此动画效果的另一个对象,便可实现动画效果的复制。

(二)设置幻灯片切换效果

幻灯片切换效果就是播放演示文稿时,上一张幻灯片结束、下一张幻灯片放映时的方式。为幻灯片设置合适的切换方式,可以丰富演示文稿播放时的视觉效果,吸引观看者注意力。设置幻灯片切换效果的操作方法如下:

(1)选择要设置切换效果的幻灯片,单击"切换"选项卡"切换到此幻灯片"功能组列表框中的相应效果按钮,如图 5.3.8 所示(单击 按钮,在打开的下拉列表中可以看到全部切换效果)。

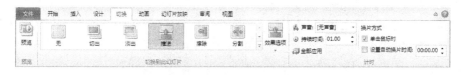

图 5.3.8　"切换"选项卡

(2)单击"效果选项"按钮 ,在打开的下拉列表中选择切换效果的方向,"效果选项"列表中会根据所选切换效果的不同而显示不同的选项。

(3)在"计时"功能组中可以设置声音效果、幻灯片切换效果的持续时间、换片方式等。

单击"预览"功能组中的"预览"按钮 ,在幻灯片编辑区中可以预览所设置的切换效果,如果不满意可以重新调整。如果要取消为幻灯片设置的切换效果,可先选定要取消切换效果的幻灯片,然后在"切换到此幻灯片"功能组的列表框中单击"无" ;如果想更换一种切换效果,可在"切换到此幻灯片"功能组的列表框中重新选择。如果单击"计时"命令组中的 全部应用 ,会将选定的切换效果应用到演示文稿的全部幻灯片上。

(三)设置幻灯片超链接和动作按钮

使用超链接和动作按钮,可以实现幻灯片之间、幻灯片与其他文件之间灵活的切换和跳转,实现交互式的播放。

1. 为幻灯片设置超链接的具体方法

(1)选定幻灯片内要设置超链接的文本、图片等对象。

(2)单击"插入"选项卡"链接"功能组中的"超链接"按钮,弹出如图 5.3.7 所示的"插入超链接"对话框。

对话框左侧的"链接到"区域提供了 4 个选项:

① 如果选定第 1 项"原有文件或网页",对话框中间窗格中会列出 3 个选项:当前文件夹、浏览过的网页、最近使用过的文件。选取其中一项后,就会在列表框中显示符合条件的文件名或网址,如图 5.3.9 所示,可以从中选择要链接的文件或网页。

② 如果选定第 2 项"本文档中的位置",就可以在如图 5.3.10 所示的对话框中间窗

格中,选择并预览要链接的当前演示文稿中的幻灯片。

图 5.3.9 "插入超链接"对话框

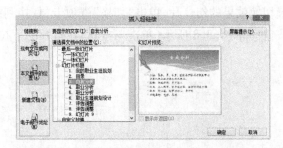

图 5.3.10 "本文档中的位置"选项窗格

③ 如果选定第 3 项"新建文档",可以将选定的对象链接到一个新建的文档中,文档可以是空的,以后再进行编辑。

④ 如果选定第 4 项"电子邮件地址",就可以从列表框中选取最近使用过的邮件地址,或是输入新地址。

若要编辑和删除已建立的超链接,可以用鼠标右击用作超链接的文本或对象,在弹出的快捷菜单中单击 编辑超链接(H)… 或 取消超链接(M) 命令,就可以修改或删除所设置的超链接。

2. 利用"动作按钮"实现幻灯片之间的切换

PowerPoint 2010 提供了一些常用的动作按钮,例如左箭头、右箭头等。具体使用方法是:打开幻灯片,单击"插入"选项卡"插图"功能组中的"形状"按钮,在弹出的下拉列表的"动作按钮"组中列出了各种动作按钮 ，将鼠标指针移到某个动作按钮上稍停片刻,会看到该按钮的功能提示,单击其中一个动作按钮,在幻灯片编辑区中合适位置拖动鼠标,绘制出合适大小后,将打开"动作设置"对话框,如图 5.3.11 所示,根据需要设置"单击鼠标时的动作"选项卡。

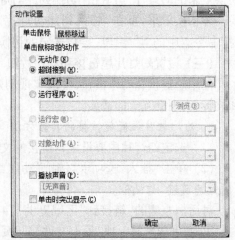

图 5.3.11 "动作设置"对话框

（四）演示文稿的放映

1．设置放映方式

演示文稿不仅可以在计算机上播放,而且可以通过投影仪展示在大屏幕上给更多的人看。根据播放地点、观看对象和播放设备的不同,可以采用不同的放映方式,主要有演讲者放映、观众自行浏览、在展台浏览 3 种方式。

打开"幻灯片放映"选项卡,单击"设置"功能组中的"设置幻灯片放映"按钮,打开"设置放映方式"对话框,如图 5.3.12 所示。

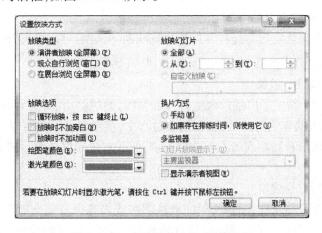

图 5.3.12　"设置放映方式"对话框

（1）演讲者放映（全屏幕）:应用此选项可全屏播放演示文稿。演讲者可以一边讲解,一边放映幻灯片,是最常用的放映方式。在这种方式下,演讲者可以完全控制幻灯片的放映过程,一般用于专题讲座、会议发言等。

（2）观众自行浏览（窗口）:选择这种方式播放演示文稿时,幻灯片是在 PowerPoint 窗口中播放,而不是全屏幕播放,观众可以使用窗口中的命令进行操作。比如单击窗口状态栏上的"菜单"按钮,在打开的下拉列表中选择相应的命令实现操作;也可以使用 Page Up、Page Down 键自行翻看幻灯片。

（3）在展台浏览（全屏幕）:选择此选项可让演示文稿自动播放,不需要演讲者在旁边讲解。多用于不需要专人播放的展览会场或在无人值守的会议上放映。

在"设置放映方式"对话框中除了可选择放映类型外,还可以进行一些其他设置:

① 放映选项:在"放映选项"栏,若选择 ☑ 循环放映，按 ESC 键终止 (L),则播放完最后一张幻灯片后,会自动返回到第 1 张幻灯片继续播放,直到按 Esc 键结束;若选择 ☑ 放映时不加动画 (S),放映时则不播放在幻灯片中设置的动画效果,但可以播放插入的动画或视频片段;若选择 ☑ 放映时不加旁白 (N),放映时则不播放在幻灯片中设置的声音。

② 放映幻灯片:在"放映幻灯片"栏中,可以选择播放全部幻灯片、播放指定范围的幻灯片和播放自定义放映的幻灯片。

③ 换片方式:在"换片方式"栏,若选择 ◎ 手动 (M) 选项,则在放映过程中必须单击鼠标才能切换幻灯片;若选择 ◎ 如果存在排练时间，则使用它 (U) 选项,且设置了自动换页时间,幻灯片在播放时便能自动切换。

注意:手动方式优先级高于自动换页方式。

2. 放映演示文稿

设置好放映方式后,就可以放映演示文稿了。其方法主要有4种:从头开始、从当前幻灯片开始、广播幻灯片和自定义幻灯片放映。

(1)"从头开始"放映

如果希望从第1张幻灯片开始依次放映演示文稿中的幻灯片,可以单击"幻灯片放映"选项卡"开始放映幻灯片"功能组中的"从头开始"按钮 或者按键盘上的 F5 键。

(2)"从当前幻灯片开始"放映

如果希望从当前选定的幻灯片开始依次放映演示文稿,可以单击"幻灯片放映"选项卡"开始放映幻灯片"功能组中的"从当前幻灯片开始"按钮 。

(3)"广播幻灯片"放映

PowerPoint 2010 新增了广播放映幻灯片的功能,通过该功能,演示者可以在任意位置通过 Web 与任何人共享幻灯片放映,在放映过程中,演示者可以随时暂停幻灯片放映、向访问群体重新发送观看网站或者在不中断广播及不向访问群体显示桌面的情况下切换到另一应用程序。

(4)自定义幻灯片放映

针对不同场合或观众群,演示文稿的放映顺序或内容也可能会随之变化,因此,放映者可以自定义放映顺序。方法:单击"幻灯片放映"选项卡"开始放映幻灯片"功能组中的"自定义幻灯片放映"按钮 ,在打开的下拉列表中单击 自定义放映(W)... ,打开"自定义放映"对话框,单击【新建】,打开"定义自定义放映"对话框,在"幻灯片放映名称"文本框中输入该自定义放映的名称,"在演示文稿中的幻灯片"列表框中选择需要放映的幻灯片,然后单击【添加】按钮将其添加到右侧的"在自定义放映中的幻灯片"列表框中,设置好后单击【确定】按钮。返回"自定义放映"对话框,单击【关闭】按钮。返回演示文稿,单击"自定义幻灯片放映"按钮 ,在打开的下拉列表中选择自定义放映的演示文稿,即可启动幻灯片放映,并按照所设置的自定义放映中的演示文稿进行放映。

(五)演示文稿的打包输出

要想将编辑好的演示文稿在其他计算机上进行放映,可以使用 PowerPoint 的"打包"功能。

1. 打包演示文稿

(1)打开 PowerPoint 演示文稿,执行"文件|保存并发送"命令,在中间窗格中双击 将演示文稿打包成CD ,弹出"打包成 CD"对话框,如图 5.3.13 所示。

对话框中提示了当前要打包的演示文稿,若希望将其他演示文稿也一起打包,则单击【添加】按钮,打开"添加文件"对话框,可以选择多个演示文稿一起打包。如果你的计算机中装有 CD 刻录机,单击 复制到 CD(C) ,可以将演示文稿打包刻录到 CD 上,制作成演示文稿光盘。

(2)单击 选项(O)... 按钮,弹出"选项"对话框,如图 5.3.14 所示。

默认选中 链接的文件(L) ,可以将演示文稿中所有链接的文件一起打包。

你的演示文稿中可能使用了特殊的字体,在另外一台计算机上播放时,可能会因为那台计算机中没有这种字体而影响播放效果，为避免这种情况，可以选中 ☑嵌入的 TrueType 字体(E)，将用到的字体同时打包。单击【确定】返回"打包成 CD"对话框。

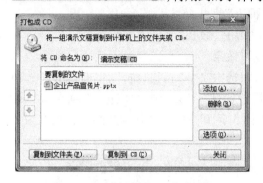

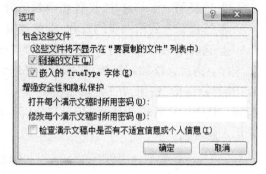

图 5.3.13　"打包成 CD"对话框　　　　　　图 5.3.14　打包选项对话框

（3）单击 复制到文件夹(F)... 按钮，弹出"复制到文件夹"对话框，如图 5.3.15 所示，选择把打包后生成的打包文件存放的位置，在"文件夹名称"框中输入存放打包文件的文件夹名称。单击 浏览(B)... 打开"选择位置"对话框，如图 5.3.16 所示，选择打包文件的保存位置。单击 选择(E) 按钮，返回"复制到文件夹"对话框。单击【确定】按钮，PowerPoint 开始将演示文稿打包，并弹出一系列提示框显示打包的过程。

（4）打包结束后，单击【关闭】按钮，关闭"打包成 CD"对话框。

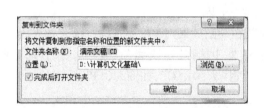

图 5.3.15　"复制到文件夹"对话框　　　　　　图 5.3.16　"选择位置"对话框

（六）将演示文稿转换为直接放映格式

可以将演示文稿保存为自动播放的文件，只要双击这个自动播放文件，就可以进入幻灯片放映视图，直接播放演示文稿。

打开演示文稿，执行"文件"菜单中的 🔳 另存为命令，在弹出的"另存为"对话框中设置保存路径和文件名，在"保存类型"下拉列表中选择"PowerPoint 放映（∗.ppsx）"，单击【保存】按钮。

此后，只要双击这个放映文件，就可以直接进入播放状态。

三、操作步骤

（1）打开任务二中完成的"我的职业生涯规划"。

（2）为幻灯片设置切换效果：

① 选择第 1 张幻灯片，单击"切换"选项卡，在切换效果列表框中选择"淡出"效果。

② 选择第 2 张幻灯片，设置切换效果为"推进"效果。

③ 选择第 3 到第八张幻灯片，设置效果为"揭开"效果。

④ 选择最后一张幻灯片，设置效果为"显示"效果。

（3）为目录添加超链接：选择第 2 张幻灯片，选中文字"自我分析"，单击"插入"选项卡中的"超链接"按钮，在"编辑超链接"对话框中选择"本文档中的位置"选项卡，在"请选择文档中的位置："中选择"3. 自我分析"，如图 5.3.17 所示。用同样的方式，依次为目录添加超链接。

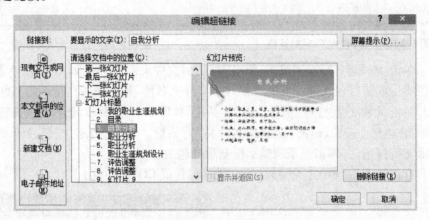

图 5.3.17　为目录设置超链接

（4）添加动画效果：选择第 3 张幻灯片，选中第 1 段文字"介绍：张三……专业。"，单击"动画"选项卡，在动画效果列表框中选择"出现"效果。

选中第 2 段文字"性格：活泼开朗、乐于助人"，在动画效果列表框中选择"淡出"效果。

选中第 3 段、第 4 段和第 5 段，在动画效果列表框中选择"随机线条"效果。在"计时"选项组中设置"开始"选项为："上一动画之后"，"延迟"为"01.00"，如图 5.3.18 所示。

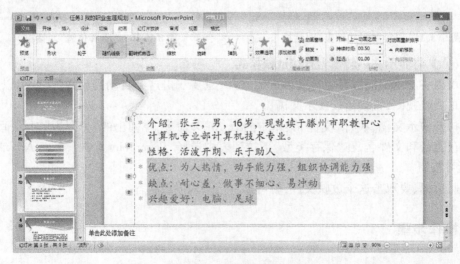

图 5.3.18　设置动画延迟

（5）添加动作按钮：选择最后一张幻灯片，单击"插入"选项卡中的"形状"按钮，在下拉列表框中选择"动作按钮"区域的第 5 个，如图 5.3.19 所示。此时光标会变成十字形，拖动鼠标在幻灯片上绘制出一个房子的图标后，会弹出"动作设置"对话框，如图 5.3.11 所示。点击【确定】按钮，完成动作按钮添加，效果如图 5.3.20 所示。

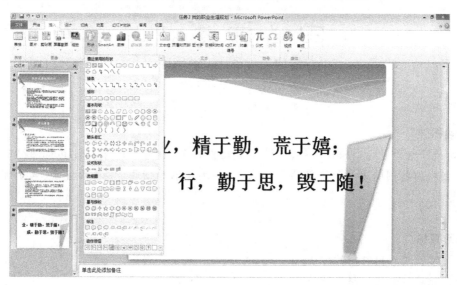

图 5.3.19　动作按钮绘制

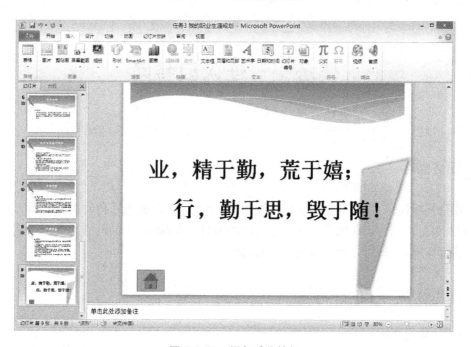

图 5.3.20　添加动作按钮

（6）保存演示文稿。

项目六

因特网基础与简单应用

➤ 项目概述

本项目包含了几个操作任务,通过完成这些任务,读者可以掌握计算机网络的基本概念,链接因特网的方法和简单的上网应用,如浏览器的使用、信息的搜索、电子邮件的收发等。

➤ 学习目标

◇ 掌握接入因特网的方法。

◇ 能熟练使用因特网资源。

◇ 能收发电子邮件。

任务一　连入因特网

一、任务描述

组建局域网络,在小范围内实现资源共享、交流信息已成为一种时尚,人们可以在家庭内部、邻里之间或企业内部建立自己的局域网络。Windows 7 的网络功能非常强大,用户只需简单操作,即可方便地组建自己的局域网络。

二、知识解析

1. 计算机网络

计算机网络是基于数据通信技术和计算机技术发展而来的一种新技术,其工作的底层是数据通信,中间层是网络传输与控制协议,顶层是网络的应用服务。在计算机网络中处理、交换和传输的信息都是二进制数据,为区别于电话网中的语音通信,将计算机之间的通信称为数据通信。

　　计算机网络解决了人们希望计算机之间能够相互传递消息、共享资源、提高系统的利用效率的问题。计算机网络尤其是 Internet 技术的发展,已成为推动社会发展的重要因素。

　　计算机网络,简单地讲,就是将多台计算机通过网络介质连接起来,能够实现各计算机的信息交换,并可共享计算机资源系统。

　　2. 计算机网络的分类

　　计算机网络诞生以来,大致经历了 4 个发展阶段,尤其是 20 世纪 90 年代开始,迅速发展的 Internet、信息高速公路、无线网络与网络安全,使得信息时代全面到来。计算机网络固有的复杂性决定了它的分类方法也多种多样。根据网络覆盖的地理范围和规模分类是最普遍采用的方法,它能较好地反映出网络的本质特征。依据这种分类方法,计算机网络可以分为 3 种:局域网、城域网和广域网。

　　(1) 局域网(LAN)是一种小型网络,往往是一个部门或一个单位组建的网络,典型的局域网如办公室网络、企业与学校的网络等,一般距离在几公里之内,最大距离不超过10 公里。局域网具有传输速率高、成本低、易维护等优点。

　　(2) 广域网(WAN)又称远程网,所覆盖的地理范围从几十公里到几千公里,可以覆盖一个国家,甚至横跨几个洲,形成国际性的远程计算机网络。广域网一般传输速率比较低。

　　(3) 城域网(MAN)是介于广域网和局域网之间的一种高速网络,它的设计目标是满足几十公里范围内的大量企业、学校、公司的多个局域网的互联,实现大量用户之间的信息传输。

　　3. 网络拓扑结构

　　拓扑结构是指用点和线来表示计算机网络结构一种几何图形。常见的网络拓扑结构主要有星形、环形、总线形、树形和网状等几种。

　　(1) 星形拓扑

　　图 6.1.1 描述了星形拓扑结构。星形是最早的拓扑结构形式,在星形拓扑中,每个结点与中心结点相连接,中心结点控制全网的通信,任何两个结点之间的通信都要通过中心结点。这种拓扑结构简单,易于实现和管理,但是一旦中心结点出现故障,则全网瘫痪,可靠性较差。

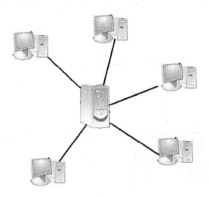

图 6.1.1　星形拓扑结构

（2）环形拓扑

图6.1.2描述了环形拓扑结构。在环形结构中，各个结点边接在一个闭合的环路上，环中的数据沿着一个方向传输。环形拓扑结构简单，成本低，但是环中任意一个结点的故障都可能造成网络瘫痪，成为环形网络可靠性的瓶颈。

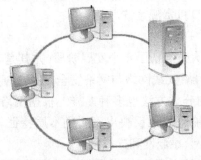

图6.1.2　环型拓扑结构

（3）总线形拓扑

图6.1.3描述了总线形拓扑结构。网络中各个结点由一根总线相连，数据在总线上由一个结点传至另一个结点。总线形的优点很多：结点的加入和退出都非常方便，某个结点的故障不会影响其他结点，可靠性高，结构简单，成本低，因此这种拓扑结构是局域网采用最普遍的形式。

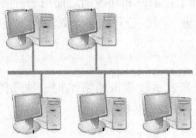

图6.1.3　总线型拓扑结构

（4）树形拓扑

图6.1.4描述了树形拓扑结构。结点按层次进行连接，像树一样往下不断分支。树形结构可以看作是星形结构的一种拓展，主要适用于汇集信息的应用要求。

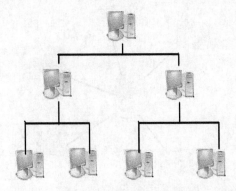

图6.1.4　树形拓扑结构

（5）网状拓扑

图6.1.5描述了网状拓扑结构。从图可以看出,网状拓扑没有上述4种拓扑结构那么明显的规则性,结点的连接是任意的,没有规律。广域网中基本都采用网状拓扑结构。

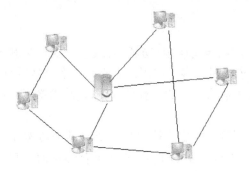

图6.1.5　网状拓扑结构

4. 组网设备

（1）传输介质

局域网中常用的传输介质有双绞线(见图6.1.6)和光缆。随着无线网的深入研究和广泛应用,无线技术也越来越多地用来进行局域网的组建。

（2）网卡

网卡(见图6.1.7),又叫网络适配器。网卡插在计算机主机相应的插槽内,联网时将网线接在网卡上。通信线路通过网卡和计算机交换信息。每台连接到网络的计算机都必须安装一块网卡。

图6.1.6　双绞线

图6.1.7　网卡

（3）集线器与交换机

交换机是集线器的改进设备,两者功能是一样的,用于将多台计算机连接到一个结点上构成星形的网络结构(交换机为中心结点)。

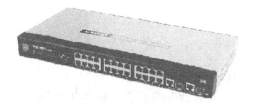

图6.1.8　交换机

（4）路由器

路由器外观与交换机和集线器非常相似，但功能却截然不同。路由器是实现局域网与广域网互联的主要设备，主要用于给局域网内发送或接收的数据寻找最佳的"路径"，好比一个向导。

5. 接入因特网

因特网接入方式通常有专线连接、局域网连接、无线连接和电话拨号连接 4 种。其中使用 ADSL 方式拨号连接对众多个体用户和小单位来说是最经济、简单，采用最多的一种接入方式。无线连接也成为当前的一种接入方式，给网络用户提供了极大的便利。

（1）ADSL

目前用电话线接入因特网的主流技术是 ADSL（非对称数字用户线路），这种接入技术的非对称性体现在上、下行速率的不同，高速下行信道向用户传递视频、音频信息，速率一般在 1.5~8 Mbps，低速上行速率一般在 16~640 Kbps。使用 ADSL 技术接入因特网对使用宽带业务的用户是一种经济、快速的方法。

采用 ADSL 接入因特网，除了需有一台带有网卡的计算机和一条直拨电话线外，还需向电信部门申请 ADSL 业务。由相关服务部门负责安装话音分离器、ADSL 调制解调器和拨号软件。完成安装后，就可以根据提供的用户名和口令拨号上网了。

（2）ISP

要接入因特网，寻找一个合适的 Internet 服务提供商是非常重要的。ISP 一般提供的功能有分配 IP 地址和网关及 DNS、提供联网软件、提供各种因特网服务和接入服务等。

（3）无线连接

无线局域网的构建不需要布线，省时省力，并且在网络环境发生变化、需要更改的时候，也易于维护。那么一般如何架设无线网呢？首先，需要一台前面介绍过的无线 AP，AP 很像有线网络中的集线器或交换机，是无线局域网中的桥梁。有了 AP，装有无线网卡的计算机或支持 Wi-Fi 功能的手机等设备就可以快速、容易地与网络相连，通过 AP，这些计算机或无线设备就可以接入因特网。普通的小型办公室、家庭有一个 AP 就已经足够了，甚至几个邻居可以共享一个 AP，共同上网。

几乎所有的无线网络都在某一个点上连接到有线网络中，以便访问 Internet 上的文件、服务。要接入因特网，AP 还需要与 ADSL 或有线局域网连接，AP 就像一个简单的有线交换机一样将计算机和 ADSL 或有线局域网连接起来，从而达到接入因特网的目的。当然，现在在市面上已经有一些产品，如无线 ADSL 调制解调器，它相当于将无线局域网和 ADSL 的功能合二为一，只要将电话线接入无线 ADSL 调制解调器，即可享受无线网络和因特网的各种服务了。

三、操作步骤

1. 安装和配置 TCP/IP 协议

当在计算机上安装了网卡后，Windows 7 一般会自动安装"网络客户端""文件和打印机共享"和"Internet 协议（TCP/IP v4 和 TCP/IP v6）"等网络服务与协议。为了便于在"网络"中访问对等局域网中的共享资源，需要将对等局域网中每台计算机的 IP 地址设置为在同一个子网中。在"Internet 协议(TCP/IP)属性"对话框中,系统默认的设置为"自动获得 IP 地址"。如果工作站不多,还可以将它们设置为同一个工作组。一般可将一个工作站的 IP 地址设置为局域网中的保留地址,即 192.168.0.x(C 类地址,其中 x 是 1~254 之间的一个数),子网掩码设置为 255.255.255.0,为了便于管理,最好为每台工作站设置一个便于记忆的计算机名称。

(1)设置 IP 地址

① 右键单击桌面上的"网络"图标,在弹出的快捷菜单中选择"属性"命令,打开"网络和共享中心"窗口。

② 在"查看活动网络"区中单击"本地链接",打开"本地连接状态"对话框,单击【属性】按钮,打开"本地连接属性"对话框,如图 6.1.9 所示。

③ 双击"Internet 协议版本 4(TCP/IPv4)",打开"Internet 协议版本 4(TCP/IPv4)属性"对话框,如图 6.1.10 所示。

④ 选中"使用下面的 IP 地址"单选项,然后分别在"IP 地址""子网掩码""默认网关"和"首选 DNS 服务器"文本框中输入相应的地址。

⑤ 单击【确定】按钮,返回"本地连接属性"对话框,再单击【确定】按钮完成本机 IP 地址的设置。

图 6.1.9 "本地连接属性"对话框

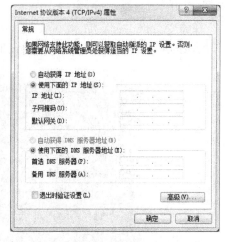

图 6.1.10 "TCP/IP 属性"对话框

(2)设置计算机名及工作组

① 右键单击桌面上的"计算机"图标,在弹出的快捷菜单中单击"属性"命令,打开"系统"窗口,在该窗口的计算机名称、域和工作组设置"区中,单击"更改设置",打开"系统属性"对话框,如图 6.1.11 所示。

② 单击【更改】按钮,打开"计算机名称更改"对话框,在"计算机名"文本框中输入本机的计算机名,在"隶属于"选项组中选中"工作组"单选项,并在"工作组"文本框中输入当前局域网设置的工作组名称,如图 6.1.12 所示。

③ 单击【确定】按钮,系统会弹出一个"要使更改生效,必须重新启动计算机"的消息框,单击【确定】按钮后返回"系统属性"对话框。

图 6.1.11　"系统属性"对话框图

图 6.1.12　"计算机名称更改"对话框

2．测试 TCP/IP 协议

（1）测试本机 TCP/IP 协议的运行情况

①单击"开始"菜单中的"运行"命令，打开"运行"对话框，输入"cmd"命令，单击【确定】按钮，打开"命令提示符"窗口。

②在命令行提示符后输入"ping 127.0.0.1"，然后按 Enter 键。如果屏幕显示如图6.1.13所示的结果，表明本机 TCP/IP 协议的运行正常。

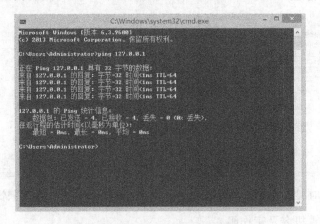

图 6.1.13　"命令提示符"窗口

（2）测试和网络中其他计算机的通信情况

在控制台命令窗口的命令行提示符后输入"ping 某计算机 IP 地址或计算机名称"，如"ping 192.168.0.39"，如果屏幕显示被"ping"的计算机能正常应答，说明这两台计算机能通过 TCP/IP 协议进行正常通信。

3．设置共享资源

（1）依次打开"控制面板|网络和 Internet|网络和共享中心|更改高级共享设置"，打开"高级共享设置"窗口，如图 6.1.14 所示。选择"启用网络发现""启用文件和打印机共享""关闭密码保护共享"项，单击【保存修改】按钮，保存设置。

（2）在"计算机"窗口中，在要设置成共享的文件夹（如"共享文档"）上单击鼠标右键，在弹出的快捷菜单中单击"属性"，打开"文档属性"对话框，选择"共享"选项卡，单击"高级共享"命令，打开"高级共享"对话框，选中"共享此文件夹"项，如图 6.1.15 所示，单击【确定】按钮，则此文件夹被设置成共享文件夹，别人通过"网络"访问这台计算机时，就会看到这个共享文件夹。

（3）在图 6.1.15 所示的对话框中，单击【权限】按钮，可以打开"共享文档的权限"对话框，如图 6.1.16 所示。从中可以设置别人对该文件夹的访问权限。

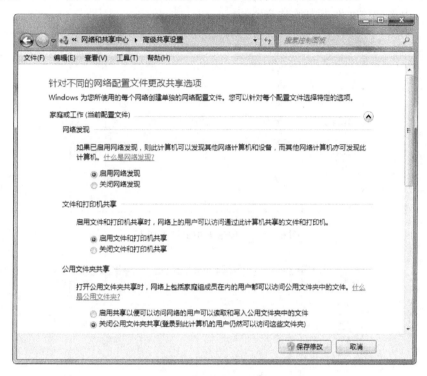

图 6.1.14 "高级共享设置"对话框

图 6.1.15 "高级共享"对话框

图 6.1.16 "共享文档的权限"对话框

4. 访问共享文件夹

（1）双击"网络"图标，打开"网络"窗口。可以看到我们组建的局域网中的计算机，如图 6.1.17 所示。

（2）双击局域网中的某台计算机（如 3-PC），如果该计算机也使用 Windows 7 操作系统，会弹出"Windows 安全"对话框，输入正确的用户名与密码，就可以进入 3-PC 的计算机了。

（3）在图 6.1.18 所示的窗口中，显示了 3-PC 计算机提供的共享资源。双击"Users"文件夹，可以看到该文件夹内的共享资源。

图 6.1.17　局域网中的计算机图

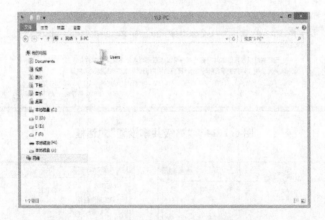

图 6.1.18　MJ 计算机上的共享资源

5. 使用 ADSL 拨号上网

目前用 ADSL 方式接入 Internet 都采用虚拟拨号，也就是 PPPoE 技术（传统拨号方式上网，ISP 分配动态 IP）。在 Windows 7 操作系统中集成了对 PPPoE 协议的支持，所以使用 Windows 7 的 ADSL 用户不需要再安装任何其他 PPPoE 软件，直接使用 Windows 7 的连接向导就可以轻而易举地建立自己的 ADSL 虚拟拨号上网文件，其具体操作（操作前应确保计算机已经连接了调制解调器，调制解调器已经连接了电话线）如下：

（1）打开"控制面板"窗口，单击"网络和 Internet"项中的"查看网络状态和任务"连接，如图 6.1.19 所示。进入"网络和共享中心"窗口，如图 6.1.20 所示。

图 6.1.19　"控制面板"窗口

图 6.1.20　"网络和共享中心"窗口

（2）单击"设置新的连接和网络"链接，进入"设置连接和网络"对话框，选择"连接到 Internet"，如图 6.1.21 所示。单击【下一步】按钮，在"连接到 Internet"对话框中单击"仍要设置新连接"，如图 6.1.22 所示。

图 6.1.21　"设置连接和网络"对话框

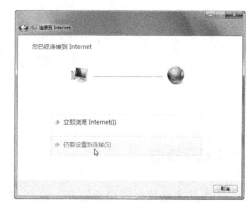

图 6.1.22　"连接到 Internet"对话框

（3）在"连接到 Internet"对话框中选择"宽带（PPPoE）（R）"，如图 6.1.23 所示。输入 ISP 提供的"用户名""密码"与"连接名称"，如图 6.1.24 所示。单击【连接】，程序将连接到 Internet。

图 6.1.23　选择连接方式

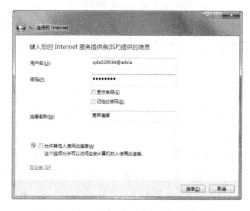

图 6.1.24　输入用户名与密码等信息

（4）在图 6.1.20 所示的窗口中，单击左侧的"更改适配器设置"链接，进入"网络连接"窗口，可以看到一个按 PPPoE 协议建立的网络连接，如图 6.1.25 所示。创建它的快捷方式并将其放在桌面上。以后上网前，可以先在桌面上双击"宽带连接"图标，打开"连接宽带连接"对话框，如图 6.1.26 所示，输入密码并单击【连接】就可以上网了。

图 6.1.25　"网络连接"窗口　　　　　　图 6.1.26　"连接宽带连接"对话框

任务二　信息浏览

一、任务描述

本任务是将百度网页设置为主页，并将其添加到收藏夹中。在百度网页中搜索"计算机"，打开搜索结果中的第一条，将网页保存在 F 盘。

二、知识解析

1. Internet 的地址和域名

在 Internet 上必须为每一台主机提供一个独有的标识，使其能够明确地找到该主机的位置，该名称就称为 Internet 地址，有 IP 地址和域名地址两种形式。

（1）IP 地址

IP 地址在计算机内部由 4 个字节组成，每个字对应着一个 0～255 范围内的 1～3 位十进制整数。用二进制表示则是 32 个二进制位，为了方便记忆，将 32 位二进制数分成 4 组，每组 8 位，用小数点"."作为分隔符将它们隔开，然后把每一组都翻译成相应的十进制数。其格式为 xxx.xxx.xxx.xxx，如 192.168.1.120。

为了避免 IP 地址的重复使用而造成网络混乱，IP 地址基由地区的网络信息中心统一分配，因此用户加入 Internet 之前，都必须申请到合法的 IP 地址，或者由网络管理中心动态赋予合法的 IP 地址。

IP 地址由各级因特网管理组织进行分配,它们被分为不同的类别,根据地址的第一段分为 5 类:0 到 127 为 A 类,一般分配给具有大量主机的网络使用;128 到 191 为 B 类,通常分配给规模中等的网络使用;192 到 223 为 C 类,通常分配给小型局域网使用;D 类和 E 类留做特殊用途。

(2) 域名

在 Internet 上,尽管 IP 地址能标识一台主机,然而,对一般 Internet 用户来说,这种毫无意义的数字很难记忆。为此,Internet 引进了域名管理系统来解决这个问题。该系统为每台计算机都使用一串唯一的英文字母作为该计算机的名字以示区别,这个名字就是我们常说的"域名"。域名采用层次结构,每一层构成一个子域名,子域名之间用圆点"."隔开,自左至右分别为:主机名. 机构名. 网络名. 最高层域名。

常见的 Internet 网络名(机构类型)有:COM(商业机构)、EDU(教育机构)、NET(网络管理部门)、MIL(军事网点)、GOV(政府部门)、INT(国际机构)、ORG(非官方机构)等。

涉及国家的最高层域名(国家名)有:UK(美国)、AU(澳大利亚)、CN(中国)等。

例如 pku. edu. cn 是北京大学的一个域名,其中 pku 是北京大学的缩写,edu 表示教育机构,cn 表示中国。

(3) IP 地址与域名的关系

IP 地址与域名是一一对应的,既可以用该主机的 IP 地址表示这台主机,也可以用该主机的域名表示这台主机。若输入的是 IP 地址,相应的计算机将立即通过对应的二制数与该主机建立联系;若输入的是域名,则相应的计算机首先把这个域名送到一个专门负责把主机的域名解析成相应 IP 地址的服务器(又称"域名服务器"),在该服务器上找到对应的 IP 地址与该主机建立联系。

上 Internet 网时,若经常要与某一主机联系,记下这台主机域名的同时,最好也记下该主机的 IP 地址,当域名服务器发生故障或解析速度太慢时,可以直接输入主机的 IP 地址进行访问。

2. WWW 及相关概念

(1) WWW 服务

WWW(World wide Web)服务又称为 Web 服务,它是目前 Internet 上业务量最大的一类服务,这种服务涉及各个行业,是最受用户欢迎的信息类服务。

WWW 是一个采用超文本的信息查询工具,它可以把 Internet 上不同主机的信息按照特定的方式有机地组织起来。用户通过 www 不仅可以浏览文本信息,还可以浏览与文本相配合的图像、视频和声音信息等。

(2) 统一资源定位器(URL)

出现在地址栏的信息是访问网页所在的网络位置,称为 URL("统一资源定位器")链接地址。Internet 上的许多资源,如万维网、FTP 服务和新闻组等,各种资源都有自己的地址,这样才能从 Internet 上找到它们。不同的资源彼此差异很大,为了使用方便,网络浏览器用 URL 将它们的地址格式统一起来。把 URL 输入浏览器的地址栏中,它就能够确定网络资源所处的位置,并访问相应的服务器,获取指定信息。

URL 的基本格式:协议(存取方式)://主机地址(域名)/路径(文件夹)/文件名。

（3）超文本和链接

超文本中不仅包含有文本信息,而且还可以包含图形、声音、图像和视频等多媒体信息,因此称之为"超"文本,更重要的是超文本中还包含着指向其他网页的链接,这种链接叫作超链接。在一个超文本文件里可以包含多个超链接,它们把本地或远程服务器中的各种形式的超文本文件链接在一起,形成一个纵横交错的链接网。用户可以打破传统阅读文本时顺序阅读的老规矩,而从一个网页跳转到另一个网页进行阅读。当鼠标指针移动到含有超链接的文字或图片时,指针会变成一个手指形状,文字也会改变颜色或加一条下划线,表示此处有一个超链接,可以单击它转到另一个相关的网页。这对浏览来说非常方便,可以说超文本是实现浏览的基础。

3. 浏览器的使用

在 WWW 中,客户端是通过浏览网页的计算机与用户的总称,实际上执行于计算机上供用户操作、观看网页的应用程序为浏览器(Browser)。

浏览器有两种主要功能:一是向用户提供友好的使用界面,将用户的信息查询请求转换成查询命令,传送给 Internet 上相应的 WWW 服务器进行处理;二是当 WWW 服务器接到来自某一客户机的请求后,就进行查询,并将得到的数据送回该客户机,再由 WWW 客户机程序将这些数据转换成相应的形式显示给用户。

浏览器又称 Web 客户端程序,是一种用于获取 Internet 上信息资源的应用程序。IE 是 Microsoft 公司开发的基于超文本技术的 Web 浏览器。本任务以 IE 9.0 为例,介绍 WWW 浏览器的使用。

IE 9.0 是一个组合软件,在安装 Windows 7 的同时被装入用户的计算机中。IE 9.0 启动后的工作窗口如图 6.2.1 所示。

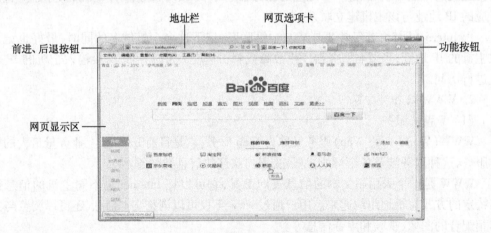

图 6.2.1　IE 9.0 的工作窗口

（1）在地址栏中输入 URL

通过 WWW 浏览器来浏览信息时,都是使用 URL 来确定拟访问的站点在 Internet 上的具体位置的。在 IE 9.0 中,如果用户想访问某个站点,即在地址栏中输入该站点地址(URL),然后按 Enter 键,就能浏览该站点的信息了。

（2）利用"超链接"进行跳转

当进入某一网站的主页面以后,便可以利用主页上提供的各个超链接进行跳转。超

链接通常是文字或图片,当鼠标移动到超链接上时,鼠标的形状由箭头变为手形,如图
6.2.1所示。表示这些文字与图片嵌有链接到另一页面的信息链,在另一页面上则含有
相关的详细信息,同时,在 IE 浏览器中将显示所链接页面的 URL。用鼠标单击该超链
接,稍后相应的页面就被传输和显示在 IE 浏览器中。

(3) 使用中常用的操作

① 设置主页

所谓主页,就是每次打开 IE 浏览器程序后首先自动连接的网页,一般为最常用的地
址,例如学校的主页。执行"工具"菜单中的"Internet 选项"命令将打开设置窗口。还有
另一种办法,就是访问到期望成为主页的网页时,打开这个对话框,单击【使用当前页】。
如果不希望打开 IE 浏览器自动连接某个网站,可以点击【使用空白页】。

② 临时文件夹

IE 浏览器为了加快再次访问某个网站的速度,在本地硬盘的一个目录有一个缓存的
空间,相同的信息不再到 Internet 上查找下载;这种方式有时候是很有用的,特别是对于
像拨号网络这样的慢速网络。但是如果本地缓存非常多,IE 浏览器判断是否是最新的文
件也会花一定的时间,所以应该定期清除这些缓存,同时可以释放一定的硬盘空间。在
"工具"菜单中的"Internet 选项"中可实现这一操作。

③ 保存网页

如果希望将当前浏览的网页的全部内容保存下来,则可以单击"文件"菜单,选择"另
存为"命令,打开"保存网页"对话框。通过"保存在"列表和文件列表选择需要保存网页
的位置,单击对话框右上方的新建文件夹按钮可以新建保存文件夹。在"文件名"编辑框
中输入保存网页的文件名,也可以取默认名称。然后在"保存类型"列表中选择保存的文
件类型。在这里通过选择,可以设置要保存的网页所具有的内容,一般为了保存所有信
息,选择默认的"Web 页,全部",它将按照网页的源格式保存所有信息。

④ 保存图片

如果只是需要保存在网页中显示的图片,则将鼠标移动到图片上单击鼠标右键,在
弹出的快捷菜单选择"图片另存为"选项,打开"保存图片"对话框,在对话框中选择需要
保存图片的文件夹,输入文件名,单击【保存】按钮。

⑤ 保存链接

对于某些链接到文件、电影、音乐或者其他信息的链接,也可以通过 IE 保存到当前
计算机的硬盘中,只要在网页链接上单击鼠标右键,在弹出的右键快捷菜单中选择"目标
另存为"选项,弹出"另存为"对话框,设置对应选项后,单击【保存】按钮。

⑥ 将当前网页地址加入到收藏夹

打开需添加到收藏夹中的网页,选择"收藏"菜单中的"添加到收藏夹"命令。另外,
还有一个简单方法,就是在浏览网页时,右击需添加到收藏夹中的链接,然后从快捷菜单
中选择"添加到收藏夹"命令,就可以将该链接所指向的网页添加到收藏夹中。

三、操作步骤

(1) 鼠标左键双击 IE 图标,打开 IE 浏览器。

（2）在 IE 浏览器中执行"工具|Internet 选项"菜单命令，弹出"Internet 选项"对话框，如图 6.2.2 所示。

（3）主页地址可以直接在"地址"文本框中输入"http://www.baidu.com/"。

（4）单击【使用当前页】按钮，将 IE 当前浏览的 Web 页设置为主页。

（5）打开百度网页，在 IE 浏览器窗口中，执行菜单栏"收藏夹|添加到收藏夹"命令，或在左窗格显示收藏夹界面时，单击【添加】按钮，弹出"添加到收藏夹"对话框，如图 6.2.3所示。单击【添加】按钮，完成收藏网址的操作。

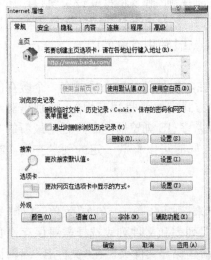

图 6.2.2 "Internet 选项"对话框　　　　图 6.2.3 "添加到收藏夹"对话框

（6）在百度搜索框中输入"计算机文化基础"，单击【百度一下】按钮。点击搜索后显示的第一条记录，打开网页。

（7）执行菜单栏"文件|另存为"命令，打开"保存网页"对话框。在"另存为"下拉列表中选择适当的保存路径，如当前用户文档下的"下载"文件夹，如图 6.2.4 所示。

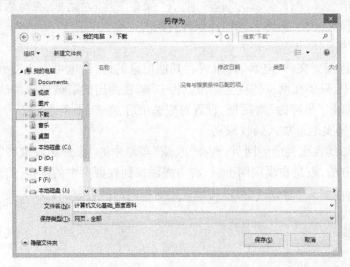

图 6.2.4 "另存为"对话框

任务三　发送电子邮件

一、任务描述

公司与公司、人与人之间可以通过 E-mail 收发电子邮件进行联系,但在使用 E-mail 收发电子邮件之前,必须先申请邮箱。本任务要求申请免费的邮箱,在新浪网中申请用户名为 tzzjzx@ sina. com 的邮箱,邮箱密码为 123456,并发送邮件。

二、知识解析

1. 相关概念

电子邮件(E-mail)是 Internet 上使用最广泛、最频繁的服务之一,是备受广大用户喜爱的一种快捷、廉价的信息传递方式。而 Outlook Express(简称 OE)则是 Windows 自带的一个电子邮件收发、管理程序,即邮件客户端管理软件,同类软件还有 Foxmail 等。

要给别人发送电子邮件,首先必须知道对方的电子邮件地址和自己的电子邮件地址。电子邮件地址具有统一的标准格式:用户名@ 域名。

用户名是用户在邮件服务器上使用的账号名,"@ "发音可以为"at",也就是"在"的意思。分隔符后是邮件服务器地址,如 joarltom@ 163. com。

使用电子邮件,首先要有自己的邮箱,这样才能发送和让别人知道把信件发送到什么地方。提供免费电子邮箱的网站很多,有网易、搜狐、新浪、雅虎等。

2. 使用 Outlook Express 管理电子邮件

Microsoft Outlook 2010 是一个性能优越的电子邮件软件,是 Microsoft Office 2010 的组件之一,专门帮助用户处理有关邮件的事务,它具有以下特点:

(1) 可管理多个邮件账号;
(2) 可以轻松快捷地浏览邮件;
(3) 可以在服务器上保存邮件以便从多台计算机上查看;
(4) 可以使用通讯簿存储和检索电子邮件地址;
(5) 可以在电子邮件中添加个人签名和使用特色信纸;
(6) 利用数字标识进行数字签名和加密使邮件的收发更为安全。

三、操作步骤

1. 注册和使用新浪邮箱

(1) 在浏览器地址栏中输入"http://mail. sina. com. cn",进入"新浪邮箱"网页,如图

6.3.1 所示。

(2) 单击【立即注册】，打开如图 6.3.2 所示窗口，在"邮箱地址"右侧的文本框中输入新邮箱用户名"tzzjzx"，然后输入"登录密码""确认密码""手机号码""验证码"等信息。单击【立即注册】按钮，就注册成功了。

图 6.3.1　邮件登录及注册页面

图 6.3.2　注册邮箱页面

(3) 返回新浪邮箱主页，输入账户的登录名"tzzjzx@ sina. com"和密码"123456"。单击【登录】按钮进入新浪邮箱页面，如图 6.3.3 所示。

(4) 登录邮箱后，单击【写信】按钮，打开如图 6.3.4 所示界面写信。

图 6.3.3 新浪邮箱窗口

图 6.3.4 写邮件页面

（5）在"收件人"文本框内填写收件人的邮箱地址，在"主题"文本框中填写主题内容，如"第一封邮件"；在正文部分输入正文内容"您好，这是我的第一封邮件，请您查收。"

（6）单击【发送】按钮，完成新邮件的发送，如图 6.3.5 所示。

（7）单击【收件夹】链接，进入收件夹。单击邮件的主题链接，页面显示如图 6.3.6 所示。

图6.3.5　邮件已发送

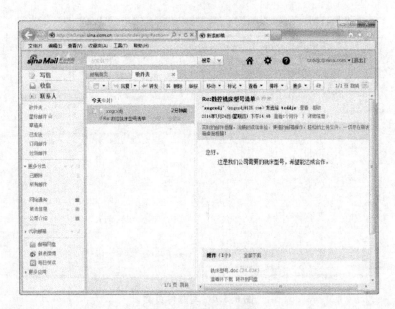

图6.3.6　收件夹页面

（8）阅读完邮件后，单击图6.3.6中的"　回复"，打开邮件回复页面，回信地址和邮件主题已经自动填写好。可重新填写编辑邮件的主题，输入回信的内容。

（9）回信内容编辑完后，单击【发送】按钮即完成邮件的回复。

2. 使用Outlook管理电子邮件

（1）选择"开始|所有程序|Microsoft Office|Microsoft Outlook 2010"打开Outlook 2010，在Outlook 2010启动界面中点击【下一步】，如图6.3.7所示。

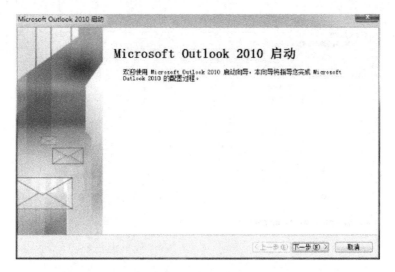

图 6.3.7　启动 Outlook 进行下一步操作

（2）在"账户配置"中选择【是】，如图 6.3.8 所示。

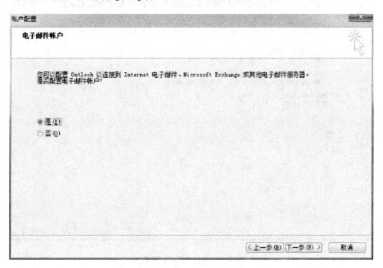

图 6.3.8　账户配置

（3）在"添加新账户"中选择"手动配置服务器设置或其他服务器类型"，单击【下一步】按钮，如图 6.3.9 所示。

（4）在"添加新账户"中选择"Internet 电子邮件"，单击【下一步】按钮，如图 6.3.10 所示。

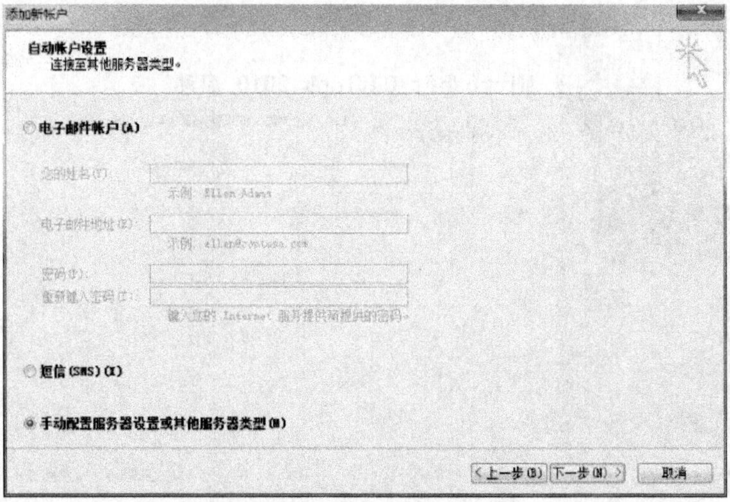

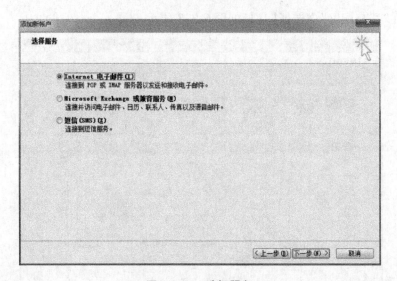

图 6.3.9　选择配置账户的方式

图 6.3.10　选择服务

（5）在"添加新账户"中选择"电子邮件账户"，并输入"姓名""电子邮件地址""密码""重新键入密码"等邮件账户信息，单击【下一步】按钮，如图 6.3.11 所示。这里的"姓名"可以根据需要填一个，"电子邮件地址"和"密码"是个人所申请的电子邮箱的地址和密码。

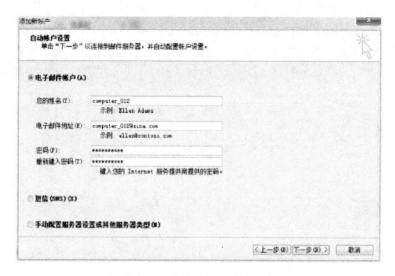

图 6.3.11 电子邮件账户信息

（6）等待 Outlook 2010 配置账户，配置成功后单击【完成】，如图 6.3.12 所示。这时将会出现 Outlook 2010 的界面，这样就可以使用 Outlook 2010 对当前电子邮箱进行邮件收发了，如图 6.3.13 所示。

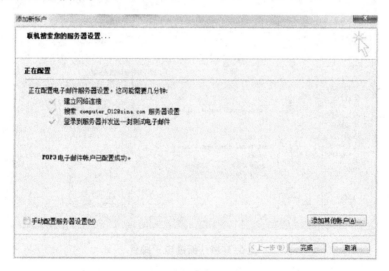

图 6.3.12 等待账户配置成功

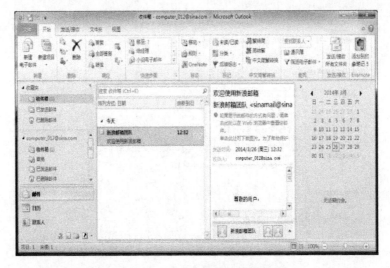

图 6.3.13　账户配置完成后的界面

（7）单击主界面左上角的"新建电子邮件"按钮，如图 6.3.14 所示，将会弹出邮件编辑界面。

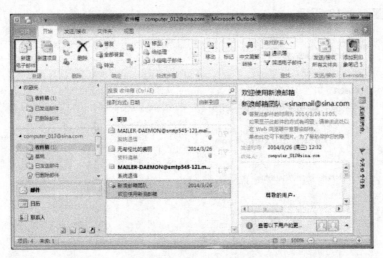

图 6.3.14　新建电子邮件

（8）在邮件编辑界面输入收件人的邮箱地址，邮件的主题和内容，如图 6.3.15 所示，主题是"你好"，内容也是"你好"，如果想发送给其他人，还可以在"抄送"里输入其他人的邮箱地址。填写好邮件后单击【发送】。

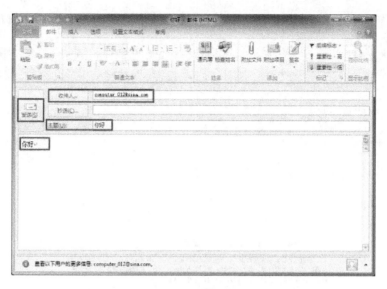

图 6.3.15 填写邮件

（9）切换到"发送/接收"选项卡，单击"发送/接收所有文件夹"，这样可以通过手动的方式接收邮件服务器上的邮件，并将未发送的邮件发送出去，如图 6.3.16 所示。

图 6.3.16

（10）在界面的左侧选择"收件箱"，在界面中间列出了收件箱中的邮件，选中一封邮件后，在界面的右侧能看到当前所选邮件的预览，如图 6.3.16 所示。双击即可打开该邮件进行详细阅读，如图 6.3.17 所示，即该邮件的详细内容。

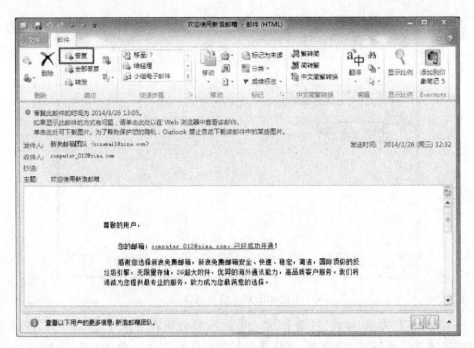

图 6.3.17　打开邮件